Patient – Infektion – Immunglobulin

Herausgegeben von B. Kornhuber

Unter Mitarbeit von
L. A. Castro   H. Deicher   F. Deinhardt   R. Dopfer
G. Ehninger   B. Fleckenstein   V. Gerein
W. M. Glöckner   R. Habersetzer   J. H. Hartlapp
G. Hillebrand   H. J. Illiger   W. D. Illner   G. Jahn
M. Lakomek   W. Land   H. Link   H. Ludwig
H. G. Manke   A. W. Mondorf   R. Müller   D. Niethammer
P. Ostendorf   H. H. Peter   M. Probst   C. Rieger
C. Rosendahl   I. Schedel   S. Schleibner   R. E. Schmidt
W. Stephan   I. Stroehmann   U. Sugg   W. Tillmann
P. Wernet

Mit einem Geleitwort von H. Schleussner

Mit 27 Abbildungen und 52 Tabellen

Springer-Verlag
Berlin Heidelberg New York Tokyo 1984

Prof. Dr. Bernhard Kornhuber
Zentrum der Kinderheilkunde
Klinikum der J.-W.-Goethe-Universität
Theodor-Stern-Kai 7
6000 Frankfurt 70

CIP-Kurztitelaufnahme der Deutschen Bibliothek.
Patient – Infektion – Immunglobulin / hrsg. von B. Kornhuber.
Unter Mitarb. von L. A. Castro ... Mit e. Geleitw. von H. Schleussner. –
Berlin; Heidelberg; New York; Tokyo: Springer, 1984.
ISBN-13: 978-3-540-13607-1   e-ISBN-13: 978-3-642-69877-4
DOI: 10.1107/978-3-642-69877-4
NE: Kornhuber, Bernhard [Hrsg.]; Castro, L. A. [Mitverf.]

Das Werk ist urheberrechtlich geschützt. Die dadurch begründeten Rechte, insbesondere die der Übersetzung, des Nachdrucks, der Entnahme von Abbildungen, der Funksendung, der Wiedergabe auf photomechanischem oder ähnlichem Wege und der Speicherung in Datenverarbeitungsanlagen bleiben, auch bei nur auszugsweiser Verwertung, vorbehalten. Die Vergütungsansprüche des § 54, Abs. 2 UrhG werden durch die „Verwertungsgesellschaft Wort", München, wahrgenommen.
© by Springer-Verlag Berlin Heidelberg 1984

Die Wiedergabe von Gebrauchsnamen, Handelsnamen, Warenbezeichnungen usw. in diesem Werk berechtigt auch ohne besondere Kennzeichnung nicht zu der Annahme, daß solche Namen im Sinne der Warenzeichen- und Markenschutz-Gesetzgebung als frei zu betrachten wären und daher von jedermann benutzt werden dürften.
Produkthaftung. Für Angaben über Dosierungsanweisungen und Applikationsformen kann vom Verlag keine Gewähr übernommen werden. Derartige Angaben müssen vom jeweiligen Anwender im Einzelfall anhand anderer Literaturstellen auf ihre Richtigkeit überprüft werden.
Satz: Walter Huber, Ludwigsburg

Geleitwort

Die Bad Nauheimer Symposien haben mittlerweile eine gewisse Tradition. Schon zum vierten Mal können wir hiermit einen Band vorlegen, der sich mit dem aktuellen Stand der Prophylaxe und Therapie mit Immunglobulinen, Plasmaprodukten und Plasmaersatzmitteln im weitesten Sinne befaßt.

Bei diesem vierten Symposium ging es um das Gebiet der viralen und bakteriellen Infektionen und vor allem um die Möglichkeiten der Infektionsprophylaxe bei Zytostatikatherapie.

Auch neuere Erkenntnisse zur AIDS-Problematik und die daraus resultierenden Folgerungen für den Einsatz von Immunglobulinen und Blutpräparaten wurden diskutiert.

Wir hoffen, daß sich dieser Brauch fortsetzt, daß in gewissen Abständen ein interessierter Kreis zusammentrifft, um die aktuellen Probleme zu diskutieren und um über die neuesten Erkenntnisse zu informieren.

H. Schleussner

Inhaltsverzeichnis

B. Kornhuber:

Virale und bakterielle Infektionen
Prophylaxe und Therapie mit Immunglobulinen   1

F. Deinhardt:

Besteht ein Zusammenhang zwischen Blutprodukten und
Infektionen, insbesondere AIDS?   3

U. Sugg:

Hepatitisinzidenz bei polytransfundierten Patienten aus der
offenen Herzchirurgie 11

W. Stephan:

Hepatitissichere Arzneimittel aus Humanblut 23

W. M. Glöckner:

Kinetik von Immunglobulin G nach intravenöser
oder intramuskulärer Applikation 33

M. Probst:

Gastrointestinale Resektionen:
Indikation für die Serumkonserve
Eine Multicenterstudie 39

H. G. Manke:

Mechanismen der Infektabwehr in der Lunge
(Bedeutung der Antikörper) 44

J. H. Hartlapp, R. E. Schmidt, H. J. Illiger:

Immunglobuline zur Infektionsprophylaxe
bei Zytostatikatherapie 55

G. Jahn, B. Fleckenstein:

Infektionen durch Cytomegalievirus – klassisch-virologische
Grundlagen und molekularbiologische Perspektiven 60

*P. Ostendorf, G. Ehninger, H. Link, P. Wernet, R. Dopfer,
D. Niethammer:*

Propyhlaxe und Therapie von Cytomegalie-Infektionen nach
Knochenmarktransplantation 69

*L. A. Castro, W. Land, S. Schleibner, G. Hillebrand,
R. Habersetzer:*

Inzidenz und klinische Bedeutung der Cytomegalievirus
(CMV)-Infektion unter Cyclosporin-Therapie 82

S. Schleibner, L. A. Castro, W. D. Illner, W. Land:

Erste Erfahrungen mit der prophylaktischen Anwendung von
CMV-Hyperimmunglobulin bei Nierentransplantationen im
Rahmen einer prospektiven Studie 93

V. Gerein:

Cytomegalieprophylaxe mit Cytotect bei Kindern
unter immunsuppressiver Therapie 97

M. Lakomek, W. Tillmann:

Varizella-Zoster-Immunglobulin bei immundefizienten
Patienten 100

V. Gerein:

Zur Sicherheit der Varizellenprophylaxe
bei Malignompatienten 105

R. Müller:

Passiv/aktive Immunisierung gegen Hepatitis B:
Stand der klinischen Erfahrungen
und Anwendungsempfehlungen 107

C. Rosendahl:

Intravenöse passive Immunisierung und simultane Impfung gegen Hepatitis B bei Kindern mit Multitransfusionsbehandlung 113

Diskussionsforum: Prophylaktische und therapeutische Anwendung von Immunglobulinen

Bearbeitet von *H. Deicher* 123

Sachverzeichnis 132

Mitarbeiterverzeichnis

Dr. L.A. Castro, Klinikum Großhadern, Transplantationszentrum, Marchioninistr. 15, 8000 München 70

Prof. Dr. H. Deicher, Medizinische Hochschule, Abteilung für Klinische Immunologie und Transfusionsmedizin, Karl-Wiechert-Allee 9, 3000 Hannover 61

Prof. Dr. F. Deinhardt, Max-von-Pettenkofer-Institut für Hygiene und Medizinische Mikrobiologie der Universität, Pettenkoferstr. 9a, 8000 München 2

Dr. R. Dopfer, Klinikum der Eberhard-Karls-Universität, Abteilung für Pädiatrische Hämatologie, Rümelinstr. 19–23, 7400 Tübingen

Dr. G. Ehninger, Klinikum der Eberhard-Karls-Universität, Innere Medizin II, Ottfried-Müller-Straße, 7400 Tübingen

Prof. Dr. B. Fleckenstein, Institut für Klinische Virologie der Universität, Loschgestr. 7, 8520 Erlangen

Dr. V. Gerein, Klinikum der Johann-Wolfgang-Goethe-Universität, Zentrum der Kinderheilkunde, Theodor-Stern-Kai 7, 6000 Frankfurt am Main 70

Dr. W.M. Glöckner, Abteilung Innere Medizin II der RWTH, Goethestr. 25–27, 5100 Aachen

Dr. R. Habersetzer, Klinikum Großhadern, Medizinische Klinik I, Marchioninistr. 15, 8000 München 70

Dr. J. H. Hartlapp, Medizinische Klinik der Friedrich-Wilhelms-Universität, Venusberg, 5300 Bonn

Dr. G. Hillebrand, Klinikum Großhadern, Medizinische Klinik I, Marchioninistr. 15, 8000 München 70

Dr. H. J. Illiger, Städtische Kliniken Oldenburg, Medizinische Abteilung, Peter-Friedrich-Ludwigs-Hospital, Peterstr. 3, 2900 Oldenburg

Dr. W. D. Illner, Klinikum Großhadern, I. Chirurgische Klinik, Marchioninistr. 15, 8000 München 70

Dr. G. Jahn, Universitätsklinik, Institut für Virologie, Loschgestr. 7, 8520 Erlangen

Prof. Dr. B. Kornhuber, Klinikum der Johann-Wolfgang-Goethe-Universität, Zentrum der Kinderheilkunde, Theodor-Stern-Kai 7, 6000 Frankfurt am Main 70

Dr. M. Lakomek, Universitätskinderklinik, Humboldtallee 38, 3400 Göttingen

Prof. Dr. W. Land, Klinikum Großhadern, Transplantationszentrum, Marchioninistr. 15, 8000 München 70

Dr. H. Link, Klinikum der Eberhard-Karls-Universität, Innere Medizin II, Ottfried-Müller-Straße, 7400 Tübingen

Doz. Dr. H. Ludwig, Medizinische Klinik der Universität, Alserstr. 4, 9. Hof, A-1095 Wien

PD Dr. H. G. Manke, Klinik für Thoraxerkrankungen, Krankenhaus Rohrbach, Amalienstr. 5, 6900 Heidelberg

Prof. Dr. A.W. Mondorf, Klinikum der Johann-Wolfgang-Goethe-Universität, Zentrum der Inneren Medizin, Theodor-Stern-Kai 7, 6000 Frankfurt am Main 70

Prof. Dr. R. Müller, Medizinische Hochschule Hannover, Innere Medizin, Abteilung für Gastroenterologie und Hepatologie, Karl-Wiechert-Allee 9, 3000 Hannover 61

Prof. Dr. D. Niethammer, Klinikum der Eberhard-Karls-Universität, Abteilung für Pädiatrische Hämatologie, Rümelinstr. 19–23, 7400 Tübingen

Prof. Dr. P. Ostendorf, Klinikum der Eberhard-Karls-Universität, Innere Medizin II, Ottfried-Müller-Straße, 7400 Tübingen

Prof. Dr. H. H. Peter, Klinikum der Medizinischen Hochschule, Abt. Immunologie, Karl-Wiechert-Allee 9, 3000 Hannover 61

Dr. M. Probst, Chirurgische Klinik, Krankenhaus Nordwest, Steinbacher Hohl 2–26, 6000 Frankfurt am Main 90

Prof. Dr. C. Rieger, Universitätskinderklinik, Deutschhausstr. 12, 3550 Marburg

Dr. C. Rosendahl, Kinderpoliklinik der Universität, Pettenkoferstr. 8a, 8000 München 2

PD Dr. I. Schedel, Medizinische Hochschule, Innere Medizin, Karl-Wiechert-Allee 9, 3000 Hannover 61

Dr. S. Schleibner, Klinikum Großhadern, Transplantationszentrum, Marchioninistr. 15, 8000 München 70

Dr. R. Schmidt, Medizinische Klinik der Friedrich-Wilhelms-Universität, Venusberg, 5300 Bonn

Dr. W. Stephan, Forschungsabteilung, Biotest Pharma GmbH, Flughafenstr. 4, 6000 Frankfurt am Main 73

Prof. Dr. I. Stroehmann, Internist, Augustastr. 64, 5300 Bonn-Bad Godesberg

Dr. U. Sugg, Klinikum der Eberhard-Karls-Universität, Institut für Anästhesie, Calwer Str. 7, 7400 Tübingen

Prof. Dr. W. Tillmann, Universitätskinderklinik, Humboldtallee 38, 3400 Göttingen

Dr. P. Wernet, Klinikum der Eberhard-Karls-Universität, Innere Medizin II, Ottfried-Müller-Straße, 7400 Tübingen

Virale und bakterielle Infektionen

Prophylaxe und Therapie mit Immunglobulinen

B. Kornhuber

Immunglobuline sind nicht indifferente Therapeutika. Ihr Einsatz bedarf daher einer strengen Indikationsstellung. Nur relevante Infektionen bedürfen der prophylaktischen bzw. therapeutischen Immunglobulinzufuhr. Sollen Immunglobuline gegeben werden, so gibt es Kriterien, nach denen das geeignete Präparat auszuwählen ist.

Zunächst ist die *Applikationsform* zu berücksichtigen. Es gibt auch heute noch ausschließlich i.m.-injizierbare Präparationen. Die i.v.-Infusion ist für Immunglobulinkonzentrate aber die in jeder Beziehung überlegene Darreichungsform, wenn sie als 7-S-Immunglobulin mit guter Verträglichkeit und nachgewiesener Wirksamkeit vorhanden ist. Adäquate Dosen sind i.m. kaum und nur sehr schmerzhaft zu injizieren. Nach i.v.-Infusion ist der benötigte Antikörper ohne Zeitverlust verfügbar, durch Proteolyse in der Muskulatur bedingte Verluste werden vermieden und eine Applikation ist auch bei hämorrhagischer Diathese möglich. Eine Blutungsneigung aufgrund einer Thrombozytopenie ist bei Immunsupprimierten (Transplantierten; zytostatisch behandelten Malignompatienten) sehr häufig. Sie sollen keine oder wenigstens keine voluminösen i.m.-Injektionen erhalten, da die daraus resultierenden Hämatome schmerzhaft sind und die Resorption der Antikörper verzögern.

Das zweite Kriterium für die Auswahl des Immunglobulins ist der *benötigte Antikörper*. Er muß in ausreichender Konzentration in der gewählten Präparation vorhanden sein. Soll ein Schutz gegenüber Masern oder Hepatitis A erreicht werden, so ist kein Hyperimmunglobulin erforderlich. In Europa oder Nordamerika gewonnene Plasmapools und daraus hergestellte Immunglobulinpräparate enthalten ausreichende Antikörpertiter.

Ist aber z.B. eine Herpesvirusinfektion zu verhindern, etwa Varizellen/Herpes Zoster oder Cytomegalie, so ist ebenso wie bei der Hepatitis B-Prophylaxe ein Hyperimmunglobulinpräparat erforderlich.

Drittens ist auf eine ausreichende *Dosierung* zu achten. Nur selten kann die Regeldosis von 100 mg IgG pro dosi unterschritten werden. Die Einzeldosis richtet sich nach dem Antikörpertiter in der Präparation und der Bestätigung der errechneten Gabe durch klinische Studien. In der Therapie sind im allgemeinen höhere Dosen erforderlich als für die Prophylaxe. Das theoretische Argument, nach eingetretener Viruskrankheit könnten Antikörper die intrazellulär liegenden Viren nicht neutralisieren, ist durch praktische Beobachtungen, etwa bei Herpes Zoster und Varizellen widerlegt. Die erwiesene klinische Wirksamkeit mag ihre Begründung in der Tatsache finden, daß zu Beginn einer Erkrankung nur eine begrenzte Zellzahl von Viren infiziert ist und die Imunglobulingabe dann eine Prophylaxe für noch nicht befallene Zellen und damit eine Verhinderung der weiteren Krankheitsausbreitung bedeutet. Die Wiederholung der Dosis wird durch die Halbwertszeit der zugeführten Präparation bestimmt und durch die zu neutralisierende Antigenmenge.

Außer in der Prophylaxe der bevorstehenden Erkrankung bei feststehender Inkubation ist die Wirksamkeit von 7 S-Immunglobulinen i.v. in ausreichender Dosierung zur Vermeidung viraler, bakterieller und mykotischer Erkrankungen bei den seltenen Antikörpermangelsyndromen (AMS Typ Bruton) gut zu belegen. Die regelmäßige intravenöse Substitution reduziert die Infektanfälligkeit der Patienten mit AMS auf die eines Immungesunden.

Ein viertes Kriterium für die Wahl eines Immunglobulinpräparates ist die *Verträglichkeit*. Es gibt eine Anzahl sehr gut verträglicher i.v. applizierbarer Immunglobulinkonzentrate, allerdings mit sehr unterschiedlich langer Bewährung in der Praxis. Nicht für alle Präparationen läßt sich schon jetzt eine Immunisierung einzelner Empfänger bei wiederholter Anwendung ausschließen. Jahrelange Anwendung vor allem bei Patienten mit angeborenen Immundefekten wird die durch die chemische Modifikation möglicherweise bedingte Immunogenität ausschließen oder erkennen lassen. Für β-Propiolacton-behandelte Immunglobuline ist nach 15jähriger klinischer Erfahrung die Zeit der Erfahrungssammlung abgeschlossen. Die Verträglichkeit ist auch bei Langzeitanwendung bei besonders empfindlichen Patienten gut.

Die Wirksamkeit von Immunglobulinen kann nicht besser als mit Hyperimmunglobulinpräparaten belegt werden. Hier wird die Wirksamkeit leicht meßbar, weil nur ein definierter und bestimmbarer Antikörper an der Vermeidung oder Behandelbarkeit einer Infektion beurteilt wird. Untersuchungen zur Varizellen/Zoster-, Cytomegalie- und Hepatitis B-Prophylaxe sind für die Einschätzung einer Immunglobulinpräparation deshalb besonders wertvoll.

Besteht ein Zusammenhang zwischen Blutprodukten und Infektionen, insbesondere AIDS?

F. Deinhardt

Das mir gestellte Thema enthält eine bisher durchaus nicht bewiesene Annahme, nämlich daß das „Acquired Immune Deficiency Syndrome" oder erworbene Immunmangel- oder Defizienz-Syndrom (AIDS) eine Infektionskrankheit im üblichen Sinne ist [16, 26]. Daß es sich bei AIDS um eine unter bestimmten Umständen übertragbare Erkrankung handelt, ist zwar aufgrund vieler epidemiologischer Beobachtungen wahrscheinlich, doch lassen sich nicht alle Charakteristika des Auftretens von AIDS mit der Annahme eines oder mehrerer AIDS-spezifischer Erreger erklären.

Ich möchte aber erst über Erkrankungen sprechen, die gelegentlich nach Gabe von Blutprodukten auftreten und die durch bekannte Infektionserreger ausgelöst werden. Abgesehen von Frischblut stehen hier vor allem einige Viruserkrankungen im Vordergrund: an der Spitze Hepatitis B und die Hepatitis Nicht-A-nicht-B [7, 6]. Eine Übertragung der Hepatitis A kann praktisch ausgeschlossen werden; sie ist nur in ganz seltenen Fällen nach Bluttransfusionen beobachtet worden, bei denen das Blut kurz vor Ausbruch der Erkrankung abgenommen worden war [15]. Man kann diese Fälle in der Weltliteratur praktisch an einer Hand aufzählen. Eine Übertragung der Hepatitis B durch Bluttransfusionen ist ebenfalls selten geworden, nachdem das Hepatitis B-Virus identifiziert worden ist, und man deshalb jetzt Hepatitis B-Virusträger mit zunehmender Sicherheit durch serologische Untersuchungen, vor allem durch den Nachweis von HBsAG, aus den Spenderpools ausschließen kann. Die Erreger der Hepatitis Nicht-A-nicht-B dagegen sind nicht bekannt, und da wir sie aus diesem Grunde auch nicht aus den Spenderpools ausschließen können, sind heute über 80% oder fast 90% der nach Bluttransfusionen auftretenden Hepatitiden durch die Erreger der Hepatitis Nicht-A-nicht-B verursacht [10]. Wir müssen aber feststellen, daß nicht alle Hepatitiden, die nach einem Krankenhausaufenthalt mit Verabreichung von Blut oder Blutprodukten auftreten, auf diese zurückzuführen sind. Es gibt Hinweise dafür, daß auch Patienten nach Krankenhausaufenthalten ohne Verabreichung von Blutprodukten später eine Hepatitis B oder Nicht-A-nicht-B durchmachten, weil selbst in den besten Häusern die hygienischen Arbeitsvorschriften nicht immer zu 100% eingehalten werden. Bei Blutprodukten, die aus großen Plasmapools hergestellt und die nicht ausreichend inaktiviert werden können, spielt aber auch heute noch die Hepatitis B eine Rolle, doch unsere Hauptsorge bei Frischblut wie bei allen Blutprodukten ist die Hepatitis Nicht-A-nicht-B. Patienten, die Blutprodukte erhalten, deren Kontaktpersonen und medizinisches Personal, das Hämophile betreut und die noch keine Hepatitis B-Virusinfektion durchgemacht haben, sollte aktiv gegen Hepatitis B geimpft werden. Die in der BRD zugelassenen Hepatitis B-Impfstoffe sind 85–95% effektiv und absolut sicher. Sie haben nach Auswertung aller Erfahrungen mit diesen Impfstoffen durch nationale und internationale Gremien, einschließlich der Expertengruppe der WHO, keine Hepatitis B oder andere Infektionen übertragen, AIDS ist nicht gehäuft in Geimpften aufgetreten, und die Impfung löst keine sonstigen wesentlichen Nebenreaktionen aus [26].

Das Epstein-Barr- und das Cytomegalie-Virus sind weitere Erreger, die durch Frischblut übertragen werden können. Eine Übertragung dieser Herpesviren durch Blutprodukte wie Faktor VIII, IX oder Immunglobuline ist dagegen bisher nicht beschrieben worden und ist auch durch die Natur dieser Viren unwahrscheinlich.

Eine weitere Virusgruppe von zumindest theoretischem Interesse in diesem Zusammenhang sind die sogenannten Slow-Viren, die Erreger der Kuru-Krankheit in Neu-Guinea oder der Jakob-Creutzfeldt'schen Erkrankung (präsenile Demenz), die bei uns auftritt, aber nur eine seltene Erkrankung ist [1, 11, 20]. Möglicherweise werden auch eine Form der Alzheimer'schen Erkrankung und weitere chronisch degenerative Erkrankungen des Zentralnervensystems durch diese sogenannten Slow-Viren verursacht [13, 22]. Slow-Viren oder „langsame Viren" deshalb, weil die Inkubationsperioden nach einer Infektion 5–10 Jahre betragen können. Die Erreger sind bisher nicht dargestellt worden. Wir kennen Sie nicht genau; wir wissen lediglich, daß man sie mit Gewebe, z.B. Hirngewebe, übertragen kann. Es ist in den letzten Jahren außerdem festgestellt worden, daß man unter experimentellen Bedingungen (im Meerschweinchen-Modell) Slow-Viren von einem Tier auf das andere mit Blut, das alle zellulären Komponenten enthält, übertragen kann. Wir wissen auch, daß die Jakob-Creutzfeldt'sche Erkrankung akzidentell von einem Menschen auf andere übertragen wurde, und zwar durch Elektroden zur Messung von Hirnpotentialen, die erst bei einem Patienten im Frühstadium dieser Erkrankung und nach üblicher Alkohol-Formalindesinfektion dann bei anderen Patienten benutzt wurden [2]. Diese Übertragungen sind durch die fast absolute Formalinresistenz des Erregers der Jakob-Creutzfeldt'schen Erkrankung erklärbar [3]. Man hat dieses Slow-Virus sogar aus Hirnpräparaten, die 2–3 Jahre in der Pathologie in Formalin gelegen hatten, isolieren und auf Schimpansen übertragen können. Es sind auch ein oder zwei Fälle von Übertragung nach Hornhauttransplantationen bekannt geworden [8]. Die Frage, ob Slow-Viren durch Blut oder Blutprodukte übertragen werden können, ist deshalb schon vor vielen Jahren, vor allem in den

Vereinigten Staaten, eingehend untersucht worden. Man kann aufgrund aller Untersuchungen zusammenfassend sagen, daß nicht der geringste Anhalt dafür besteht, daß Slow-Viren jemals durch Blut oder Blutprodukte übertragen worden sind.

Eine besondere Bedeutung ist in den letzten Jahren aber der Frage zugesprochen worden, ob AIDS durch Blutprodukte übertragen werden könnte. Zuerst einige kurze Bemerkungen zur klinischen Symptomatik von AIDS. Als sogenanntes Stadium 1 wird gemeinhin angeführt: generalisierte Lymphknotenschwellung, Müdigkeit, anhaltendes Fieber oder wiederholte Fieberschübe, Nachtschweiß, Gewichtsverlust und Diarrhoe. Ich wehre mich dagegen, dies als Stadium 1 zu bezeichnen, da wir gar nicht wissen, ob diese Erscheinungen wirklich ein Vorstadium von AIDS sind. Das Stadium 2, in dem die Krankheit voll ausgebildet ist, umfaßt rezidivierende Infektionen mit opportunistischen Erregern oder Parasiten, vor allem Pneumocystis carinii, Candida albicans, Toxoplasma, Mykobakterien, Herpesviren, u.a., und schließlich das Kaposi-Sarkom und Non-Hodgkin-Lymphome. Tabelle 1 zeigt die in der Labordiagnostik nachweisbaren Störungen des zellulären Immunsystems. Tabelle 2 gibt eine Aufstellung der Risikopatienten wieder. Hier zeigt sich, daß männliche Homosexuelle, und zwar solche mit vielen Geschlechtspartnern, am meisten gefährdet sind. Bei den Hämophiliepatienten ist der Anteil mit 2,4% aller AIDS-Fälle für die BRD wegen der kleinen Zahlen (1 Hämophiler unter 41 AIDS-Fällen) sicher zu hoch angesetzt. In den Vereinigten Staaten rechnet man mit einem AIDS-Fall

Tabelle 1. AIDS: Laborbefunde, die auf Funktionsstörungen des zellulären Immunsystems hinweisen

– Lymphopenie
– Anergie gegen Intrakutantestung mit Antigenen
– Inversion des Helfer/Suppressor-T-Zell-Verhältnisses
– verminderte Lymphocytenreaktivität *in vitro*
– verminderte NK-Zell-Aktivität

Tabelle 2. Verteilung der AIDS-Fälle unter Risikopatienten

	USA*	BRD**
Männliche promiskuitive Homosexuelle	71,3%	90,2%
Drogenabhängige (i.v.)	17,2	0
Einwohner der Karibik oder Zentralafrikas	4,8	0
Hämophiliepatienten	0,6	2,4
Andere	6,1	7,3
Gesamtzahl der Fälle	2753,0	41,0

* Bundesgesundheitsblatt 27 (19), 1984 (Stand 15.11.1983)
** Bundesgesundheitsblatt 26 (410), 1983 (Stand 22.10.1983)

unter 1000 Hämophilie A-Patienten, während in Europa diese Zahl noch geringer ist, sie wird zur Zeit auf 1:5000 geschätzt (BRD: 1 AIDS-Fall bei einer Gesamtzahl von 5–6000 Hämophiliepatienten; Europa: 5 mögliche AIDS-Fälle bei 50–60000 Hämophilen). Die mögliche Gefährdung von Hämophiliepatienten durch die Behandlung mit Gerinnungsfaktoren liegt damit weit unter der Gefährdung durch eine Unterlassung oder durch eine suboptimale Therapie. Die Sicherheit von Immunglobulinen ist gleichfalls in Frage gestellt worden, obwohl die Immunglobuline die sichersten Blutprodukte überhaupt sind. Es ist bisher in der Literatur kein Bericht erschienen, daß ein Immunglobulin, das lege artis hergestellt wurde, Hepatitis oder andere Infektionskrankheiten übertragen hätte. Man kann also mit Sicherheit feststellen, daß bei den offiziell in der BRD zugelassenen Immunglobulinen, einschließlich der intravenös applizierbaren, kein Anhalt besteht, daß sie jemals eine Hepatitis A, B oder Nicht-A-nicht-B übertragen hätten. Die Frage einer möglichen Übertragung von AIDS durch Immunglobuline wurde vor kurzem von einer Expertengruppe der WHO besprochen. Dabei stellte sich heraus, daß während der letzten Jahre ungefähr 19,5 Millionen Dosen von je 2 bis 10 ml präpariert worden sind und daß unter den Empfängern dieser fast 20 Millionen Dosen mit einer 1–4jährigen Beobachtungsperiode kein einziger AIDS-Fall aufgetreten ist. Die WHO resümierte aufgrund dieser Erhebung: „The consultative group confirmed therefore that at the present there is no evidence of risk attached to the use of normal or specific immunoglobulins prepared by universally accepted methods" [27].

Abschließend noch einige grundsätzliche Bemerkungen zur Epidemiologie und Pathogenese von AIDS. Die Häufigkeit des Auftretens von AIDS in den Vereinigten Staaten seit 1980 ist in Abbildung 1 in vierteljährlichen Abständen angegeben. Man sieht den Anstieg 1982 mit einer Verdoppelung der pro Zeiteinheit gemeldeten Fälle etwa alle 6 Monate. Man sieht aber auch, daß es bereits zwischen dem 2. und 3. Quartal 1983 zu einem geringeren weiteren Anstieg kam. Im letzten Quartal 1983 ist sogar ein ganz deutlicher Abfall zu sehen, obwohl hier die Anzahl der Fälle sicher etwas höher zu veranschlagen ist, weil in diesem Quartal der Benachrichtigungsmodus des Center for Disease Control, US Public Health Service (CDC) neu organisiert wurde [25]. Insgesamt jedenfalls scheint das Auftreten von AIDS seit Mitte 1983 rückläufig zu sein.

Mittlerweile ist aber nicht nur von AIDS die Rede, sondern auch von RAIDS: „Refrigeration Aquired Immune Deficiency Syndrome" [9, 28]. Wie bei AIDS, wo es zu einer Verschiebung des OKT_4/OKT_8-Helfer-Suppressorzellverhältnisses kommt, kann es bei vollkommen normalem Blut, das über Nacht im Kühlschrank gelassen wurde, ebenfalls zu einer solchen Verschiebung kommen.

Damit nicht genug, inzwischen gibt es auch SAIDS: „Simian Acquired Immune Deficiency Syndrome". Aus einer Affenkolonie in den Vereinigten Staaten wird nämlich vom Auftreten einer AIDS-ähnlichen Erkrankung berichtet [12, 17–19], die aber viel mehr die Charakteristika eines Lymphoms hat.

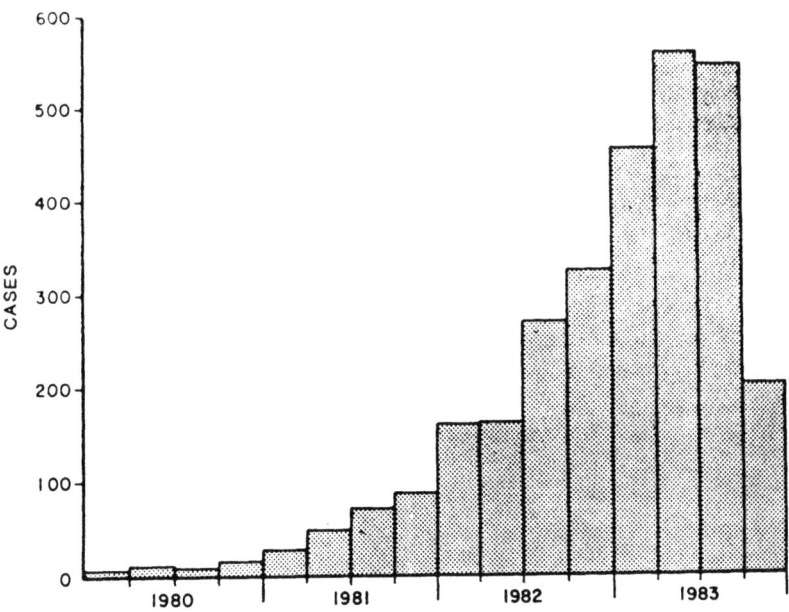

Abb. 1. Zahl der in den USA jedes Vierteljahr dem CDC gemeldeten AIDS-Fälle (U.S. MMWR 1983)

Zur Pathogenese von AIDS noch die Frage: Handelt es sich bei AIDS wirklich um eine Infektionskrankheit verursacht durch einen spezifischen Erreger? Dafür spricht zwar die Übertragung von einem Homosexuellen auf den anderen; dafür könnte sprechen das ganz gelegentliche Auftreten (1 in 1000 oder weniger) von AIDS bei Hämophilie A-Patienten, die Faktor VIII-Präparate bekommen; das Auftreten von AIDS nach Bluttransfusionen in weniger als 1 von 1 Million (wobei hier häufig sehr viele Bluttransfusionen gegeben wurden und andere Grundkrankheiten bestanden) [5], das Auftreten der Erkrankung (zumindest in Afrika) auch bei Frauen und Kindern in Familiengemeinschaften [4] und die gelegentliche Übertragung auf Säuglinge [21, 23] und weibliche Sexualpartner von bisexuellen AIDS-Patienten [14].

Andererseits muß man bedenken, daß die Erkrankung in Afrika möglicherweise eine andere Pathogenese und auch eine andere Verlaufsform hat als die aus den Vereinigten Staaten beschriebene AIDS-Erkrankung. Man könnte weiter annehmen, daß es sich bei AIDS nicht um einen oder mehrere spezifische Erreger handelt, sondern, wie auch in mehreren Veröffentlichungen der Gruppe von Purtilo zusammengefaßt worden ist, um eine Schädigung des

Immunsystems durch mehrere Faktoren handelt [24, 29]. Die Ursache könnte eine Überladung mit Fremdproteinen sein, wie sie z. B. bei Homosexuellen erfolgt, aber auch bei Hämophiliepatienten, die ständig Faktor VIII-Präparate erhalten müssen. Auf dieser Basis könnten dann Aktivierungen von Viren, wie z. B. Epstein-Barr Virus, auftreten oder bei den Homosexuellen außerdem häufige Superinfektionen mit Cytomegalie-Viren. Es ist nachgewiesen worden, daß Homosexuelle in den meisten Fällen Antikörper gegen Sperma produzieren und daß die Samenflüssigkeit selbst immunsuppressiv ist.

Eppstein-Barr- und Cytomegalie-Virusinfektionen tragen gleichfalls zu einer Disregulation des Immunsystems bei und dadurch zur Entwicklung weiterer opportunistischer Infektionen. Das gleiche könnte der Fall sein bei den wenigen Hämophilen, die AIDS entwickelt haben; d. h. eine Immunsuppression durch eine Proteinüberladung, nicht jedoch durch einen spezifischen Erreger. Bei Annahme eines spezifischen Erregers wäre es nämlich etwas schwierig zu erklären, warum diese Erkrankung nicht der Epidemiologie der Hepatitis B oder Nicht-A-nicht-B folgt, und nur ganz wenige Fälle nach Bluttransfusionen und bei Hämophiliepatienten auftreten. Man müßte annehmen, daß es sich hier entweder um einen sehr labilen Erreger handelt, der in den Blutprodukten im allgemeinen durch die Präparation bereits inaktiviert wird und durch Frischblut nicht oder nur ganz selten übertragen wird, oder daß viele Menschen infiziert werden, aber nur sehr wenige erkranken (weniger als 1 in 10000 zu 1 in 100000). Im letzten Falle hätten wir einen AIDS-Erreger, der ubiquitär vorkäme, aber der nur dann eine Erkrankung auslöst, wenn andere Kofaktoren hinzukommen. Die Frage ist aber noch immer offen, ob es sich hier überhaupt um einen spezifischen Erreger handelt oder um eine Verkettung mehrerer Ursachen, die zu dieser Erkrankung führt. Es ist ganz sicher unsinnig, aus den bisher bekannten Befunden ableiten zu wollen, daß wir am Beginn einer die Welt ergreifenden Seuche stehen, daß jeder, der eine Bluttransfusion oder sonstige Blutprodukte braucht, Angst haben müßte, in 1–3 Jahren AIDS zu bekommen.

Wir sollten vielmehr die Pathogenese dieser Erkrankung weiter erklären und versuchen, die Hysterie über AIDS einzudämmen. Daß Infektionen bei Hämophilen auch schon früher aufgetreten sind, haben mir alle bestätigt, die solche Patienten behandeln; nur wurde früher nicht von AIDS gesprochen. Daß ähnliche Situationen bei Neugeborenen aufgetreten sind, vor allem wenn bereits andere Schwierigkeiten oder Grundkrankheiten vorhanden waren, ist auch schon lange bekannt. Man kennt außerdem eigentümliche Erkrankungen in Afrika nach Pilzinfektionen, die möglicherweise immunsuppressiv wirksame Cyclosporine produzieren, d. h. daß es sich bei den afrikanischen AIDS-Fällen um ganz andere Erkrankungen handeln könnte.

Die Promiskuität eines Teiles der homosexuellen Gesellschaft hat wohl erst im Laufe der letzten 10–15 Jahre die Form angenommen, die vor 3–4 Jahren bestand. Die Durchschnittszahl der Sexualpartner von Homosexuellen, z. B. in

New York, ist aber von 20–50 pro Woche in den letzten 2 Jahren auf durchschnittlich weniger als 10 pro Woche gesunken, und zur gleichen Zeit hat auch die Zahl der AIDS-Fälle in dieser Gruppe abgenommen. Dies wirft nochmals die Frage auf, ob hier nicht ein Sozialverhalten, das zu einer Immunsuppression führt und weiter zu Superinfektionen mit verschiedenen Viren, im Endeffekt zu AIDS führen könnte.

Ich weiß, es ist fast ketzerisch, so etwas heute zu sagen, aber ich glaube, wir müssen neben der Möglichkeit eines spezifischen Erregers andere Erklärungsmöglichkeiten im Auge behalten und sollten uns davor hüten, von einer Infektionskrankheit zu sprechen, bevor dies eindeutig bewiesen worden ist. Dies verunsichert nur unsere Patienten. Nur eines sollten wir nicht verschweigen: nämlich, daß die Gabe von Blut oder Blutprodukten gewisse Probleme mit sich bringt und immer mit sich gebracht hat. Eine solche Behandlung sollte deshalb nur dann eingesetzt werden, wenn sie wirklich notwendig ist.

Literatur

1. Asher DM, Masters CL, Gajdusek DC, Gibbs Jr CJ (1983) Familial spongiform encephalopathies. In: Genetics of Neurological and Psychiatric Disorders (Kety SS, Rowland LP, Sidman RL, Matthyse SW, eds) Raven Press New York, pp. 273–291
2. Bernoulli C, Siegfried J, Baumgartner G, Regli F, Rabinowicz T, Gajdusek DC, Gibbs Jr CJ (1977) Danger of accidental person-to-person transmission of Creutzfeldt-Jakob disease by surgery. Lancet 1: 478–479
3. Brown P, Gibbs Jr CJ, Amyx HL, Kingsbury DT, Rohwer RG, Sulima MP, Gajdusek DC (1982) Chemical disinfection of Creutzfeldt-Jakob disease virus. N Engl J Med 306: 1279–1282
4. Clumeck N, Sonnet J, Taelman H, Mascart-Lemone F, de Bruyere M, Vandeperre P, Dasnoy J, Marcelis L, Lamy M, Jonas C, Eyckmans L, Noel H, Vanhaeverbeek M, Butzler JP (1984) Acquired immunodeficiency syndrome in African patients. N Engl J Med 310: 492–497
5. Curran JW, Lawrence DN, Jaffe H, Kaplan JE, Zyla LD, Chamberland M, Weinstein R, Lui KJ, Schonberger LB, Spira TJ, Alexander WJ, Mildvan D, Stoneburner R, Jason JM, Haverkos HW, Evatt BL (1984) Acquired immunodeficiency syndrome (AIDS) associated with transfusions. N Engl J Med 310: 69–75
6. Deinhardt F, Deinhardt J (eds) (1983) Viral hepatitis: laboratory and clinical science. Marcel Dekker New York, pp. 1–585
7. Deinhardt F, Gust ID (1982) On behalf of participants in an informal WHO meeting. Viral hepatitis. Bull WHO 60: 661–691
8. Duffy P, Wolf J, Collins G, Devoe A, Streeten B, Cowen D (1974) Possible person to-person transmission of Creutzfeldt-Jakob disease. N Engl J Med 292: 692–693
9. Dzik WH, Neckers L (1983) Lymphocyte subpopulations altered during blood storage. N Engl J Med 309: 435–436
10. Gerety RJ (ed) (1981) Non-A, non-B hepatitis. Academic Press New York, pp. 1–301
11. Gibbs Jr CJ (1982) Virus-induced slow infections of the central nervous system. In: Viral Infections in Oral Medicine (Hooks J, Jordan G, eds) Elsevier North Holland Amsterdam, pp. 255–266

12. Gravel M, London WT, Houff SA, Madden DL, Dalakas MC, Sever JL, Osborn KG, Maul DH, Henrickson RV, Marx PA, Lerche NW, Prahalada S, Gardner MB (1984) Transmission of simian acquired immunodeficiency syndrome (SAIDS) with blood or filtered plasma. Science 223: 74–76
13. Goudsmit J, Morrow CH, Asher DM, Yanagihara RT, Masters CL, Gibbs Jr CJ, Gajdusek DC (1980) Evidence for and against the transmissibility of Alzheimer disease. Neurology 30: 945–950
14. Harris C, Small CB, Klein RS, Friedland GH, Moll B, Emeson EE, Spigland I, Steigbigl NH (1983) Immundeficiency in female sexual partners of men with the acquired immunodeficiency syndrome. N Engl J Med 308: 1181–1184
15. Korb G (1984) Die Virus-A-Hepatitis. Dtsch med Wschr 109: 110–112
16. L'age-Stehr J (1983) Erworbene Immundefekte – eine Infektionskrankheit. AIDS (Acquired Immune Deficiency Syndrome). Bundesgesundhbl 26: 93–100
17. Letvin NL, Eaton KA, Aldrich WR, Sehgal PK, Blake BJ, Schlossman SF, King NW, Hunt RD (1983) Acquired immunodeficiency syndrome in a colony of macaque monkeys. Proc Natl Acad Sci USA 80: 2718–2722
18. Letvin NL, King NW, Daniel MD, Aldrich WR, Blake BJ, Hunt RD (1983) Experimental transmission of macaque AIDS by means of inoculation of macaque lymphoma tissue. Lancet 2: 599
19. London WT, Madden DL, Gravell M, Dalakas MC, Houff SA, Sever JL, Henrickson RV, Maul DH, Osborn KG, Gardner MB (1983) Experimental transmission of simian acquired immunodeficiency syndrome (SAIDS) and Kaposi-like skin lesions. Lancet 2: 869–873
20. Masters CL, Gajdusek DC (1982) The spectrum of Creutzfeld-Jakob disease and the virus-induced subacute spongiform encephalopathies. In: Recent Advances in Neuropathology (Smith WT, Cavanagh JB, eds) Churchill Livingstone New York, pp. 139–163
21. Rubinstein A, Sicklick M, Gupta A, Bernstein L, Klein N, Rubinstein E, Spigland I, Fruchter L, Litman N, Lee H, Hollander M (1983) Acquired immunodeficiency with reversed T4/T8 ratios in infants born to promiscuous and drug-addicted mothers. JAMA 249: 2350–2356
22. Salazar AM, Brown P, Gajdusek DC, Gibbs Jr CJ (1983) Relation to Creutzfeld-Jakob disease and other unconventional virus deseases. In: Alzheimers Disease (Reisberg B, ed) The Free Press New York, pp. 311–318
23. Scott GB, Buck BE, Leterman JG, Bloom FL, Parks WP (1984) Acquired immunodeficiency syndrome in infants. N Engl J Med 310: 76–81
24. Sonnabend J, Witkin SS, Purtilo DT (1983) Acquired immunodeficiency syndrome, opportunistic infections, and malignancies in male homosexuals. A hypothesis of etiologic factors in pathogenesis. JAMA 249: 2370–2374
25. United States (1984) Update: acquired immunodeficiency syndrome (AIDS). MMWR 32: 688–691
26. WHO (1983a) Acquired immune deficiency syndrome (AIDS). Wkly Epidem Rec 58: 369–370
27. WHO (1983b) Viral hepatitis. The use of normal and specific immunoglobulin. Wkly Epidem Rec 58: 237
28. Weiblen BJ, Debell K, Valeri CR (1983) „Acquired immundodeficiency"of blood stored overnight. N Engl J Med 309: 739
29. Witkin SS, Sonnabend J, Richards JM, Purtilo DT (1983) Induction of antibody to asialo GM1 by spermatozoa and its occurrence in the sera of homosexual men with the acquired immune deficiency syndrome (AIDS). Clin Exp Immunol 54: 346–350

Hepatitisinzidenz bei polytransfundierten Patienten aus der offenen Herzchirurgie

U. Sugg

Einleitung

Trotz aller Fortschritte auf dem Gebiet der Hepatitisforschung stellt die Hepatitis auch heute noch eine häufige Komplikation einer Transfusionsbehandlung bei hospitalisierten Patienten dar. Üblicherweise werden derartige Hepatitisfälle als Posttransfusionshepatitiden (PTH) bezeichnet. Diese Bezeichnung sollte jedoch nur als Hinweis auf den offensichtlichen zeitlichen Zusammenhang zwischen Erkrankung und Bluttransfusion verstanden werden. Die häufig mit der Verwendung des Ausdruckes PTH verbundene Vorstellung, das transfundierte Blut stelle die Infektionsquelle dar, bleibt in den allermeisten Fällen unbewiesen.

Tabelle 1. Geschätzte Anzahl von sog. PTH-Fällen pro Jahr in den USA

	USA	BRD
Transfundierte Einheiten/Jahr	~10 Millionen [1] (1978)	~2,5 Millionen [29] (1982)
Durchschnittl. Transfusionsvolumen/Patient	3 Einheiten [1]	
Empfänger/Jahr	~3 Millionen	~800 000
Häufigkeit der sog. PTH	~10–13% [2, 5]	?
PTH-Fälle/Jahr	~300 000 [1]	?

In den USA wird derzeit mit dem Auftreten von 230 000 bis 300 000 [4] neuen Fällen von PTH pro Jahr gerechnet (Tabelle 1). Mit rund 10 Millionen pro Jahr transfundierter Konserven können bei einem durchschnittlichen Transfusionsvolumen von 3 Einheiten/Patient über 3 Millionen Empfänger versorgt werden, bei einer für die USA ermittelten Häufigkeit der PTH von 10–13% [2,5] sind dann 300 000 PTH-Fälle pro Jahr zu erwarten. In der BRD werden immerhin

über 2,5 Millionen Einheiten Blut pro Jahr [29] auf schätzungsweise 800000 Empfänger verteilt, prospektiv erhobene Daten über die derzeitige Hepatitishäufigkeit bei Patienten nach Krankenhausaufenthalt mit Transfusionsbehandlungen liegen nur spärlich vor.
Hauptziel unserer prospektiven Untersuchung war deshalb, die Inzidenz der PTH unter den im Klinikum der Universität Tübingen vorliegenden Bedingungen zu ermitteln.

Patienten und Methoden

Patienten

Zwischen 1973 und 1981 wurden drei voneinander unabhängige prospektive Studien durchgeführt. An diesen Untersuchungen nahmen ausschließlich Patienten teil, die sich in der Abtlg. für Herz-, Thorax- und Gefäßchirurgie der Chir. Univ.-Klinik Tübingen einer Operation mit Einsatz der Herz-Lungen-Maschine unterziehen mußten. Anlage und Auswertung aller 3 Studien waren weitgehend identisch.
Aufnahmebedingungen waren jeweils präoperativ normale SGPT-Werte (≤ 22 U/l), negatives HBsAg, fehlende klinische oder anamnestische Hinweise auf eine Lebererkrankung, keine hepatotoxischen Medikamente, kein Alkohol- und Drogenabusus.
Bei allen Patienten wurde unmittelbar praeoperativ eine Serumprobe gewonnen, weitere Abnahmen erfolgten am 1., 7., 14. und 42. postoperativen Tag und ab der 6. postoperativen Woche in monatlichen Abständen. Von Patienten der 3. prospektiven Serie, bei denen eine termingerechte Untersuchung einen SGPT-Wert von > 55 U/l ergeben hatte, wurden 8–10 Tage nach der auffälligen Abnahme zusätzliche Blutproben gesammelt. Der Beobachtungszeitraum erstreckte sich in den ersten beiden Studien über 26, in der 3. Untersuchungsreihe auf 38 Wochen. In der 2. Studie wurden Patienten, die postoperativ Hinweise auf das Vorliegen einer Hepatitis boten, bis zur 52. Woche nach der Operation beobachtet.

Versorgung der Patienten mit Blut und Blutderivaten

In allen 3 Studien zusammen wurden 3067 Einheiten Vollblut, Erythrozytenkonzentrat oder fresh frozen plasma insgesamt 568 Patienten transfundiert (Tabelle 2). Der durchschnittliche Blutbedarf betrug 5,4 Einheiten pro Patient, wobei diese Größe über alle 3 Studien hinweg ziemlich konstant geblieben war. Berücksichtigt man in der 1. Studie, in die auch 33 Kinder und Jugendliche aufgenommen worden waren, nur die Erwachsenen, so ergibt sich auch hier ein

Tabelle 2. Versorgung der Patienten mit Blut und Blutderivaten

	Anzahl der Patienten	Anzahl der transfundierten Blutkonserven	Durchschnittl. Blutbedarf pro Patient
1. Studie	54*	220	4,1*
2. Studie	97	576	5,9
3. Studie	417	2271	5,4
Total	568	3067**	5,4

* In der 1. Studie 33 Kinder und Jugendliche: durchschnittlicher Blutbedarf der 21 Erwachsenen 5,1 Einheiten/Patient
** Alle Konserven im RIA HBsAg-negativ, SGPT-Werte in 99,9% <30 U/l

vergleichbarer Blutbedarf von 5,1 Einheiten pro Patient. Alle transfundierten Konserven waren in Radioimmunverfahren HBsAg-negativ, über 99% der Spender lagen mit ihren SGPT-Werten unter 30 U/l.

Insgesamt 14 (2,5%) Patienten waren neben Fremdblut noch mit unbehandelten Gerinnungsfaktoren aus gepoolten Plasmen wie Fibrinogen, Faktor-VIII-Konzentrat und Faktor-IX-Komplex, die einzeln oder kombiniert zur Anwendung gekommen waren, versorgt worden. Der Einsatz derartiger Gerinnungspräparate beschränkte sich im wesentlichen auf die 2. Studie (Tabelle 3).

Tabelle 3. Versorgung von 14 Patienten mit unbehandelten Gerinnungsfaktoren aus gepoolten Plasmen

Anzahl der Patienten	Fibrinogen	Faktor VIII	Versorgung mit Faktor-IX-Komplex	Sonst. Faktoren
1	X			
1				X (Cohn 1)
2			X	
2	X	X		
3	X		X	
5	X	X	X	

Serologische und biochemische Tests

Bei allen Patientenseren wurde die Bestimmung der SGPT, SGOT und γ-GT durchgeführt. Alle Serumproben wurden zudem mit handelsüblichen Radioimmunverfahren (Ausria II, Ausab, Corab; Abbott Lab.) auf HBsAg, Anti-HBs und Anti-HBc untersucht.

Von Patienten, die einen postoperativen Anstieg der SGPT aufwiesen, wurden Serumproben aus der akuten und Konvaleszensphase mit Radioimmunverfahren auf Anti-HAV IgM (Havab M; Abbott Lab.) und Anti-HBc IgM nach [22] untersucht.

Praeoperative Serumproben von diesen Patienten sowie Proben aus der akuten und Rekonvaleszenzphase wurden mit einem Enzymimmunoassay auf das Vorliegen von Antikörpern gegen Cytomegalievirus (Anti-CMV) der Klassen IgM und IgG (Enzygnost Cytomegalie, Fa. Behring) sowie mit indirekten Immunfluoreszenzmethoden (DE-THE und LENOIR 1977) auf Antikörper gegen das virale Kapsidantigen (Anti-VCA IgM und IgG) und gegen das nukleäre Antigen des Epstein-Barr-Virus (Anti-EBNA) getestet (Tabelle 4). Alle diese Untersuchungen bei Patienten mit postoperativer SGPT-Erhöhung wurden mit Ausnahme der CMV-Serologie von Prof. Frösner, Max v. Pettenkofer-Institut, Universität München, durchgeführt.

Tabelle 4. Serologische und biochemische Tests

Bei allen Patienten	
SGPT, SGOT, γ-GT	
HBsAg, Anti-HBs, Anti-HBc	Alle Serumproben
(Radioimmunverfahren)	
Bei Patienten mit postoperativem SGPT-Anstieg	
Anit-HAV IgM, Anti-HBc IgM	Serumproben aus der akuten
(Radioimmunverfahren)*	und Konvaleszenzphase
Anti-CMV IgM und -IgG	
(Enzymimmunoassay)	Serumproben vor Operation,
Anti-VCA IgM und -IgG,	aus der akuten und
Anti-EBNA*	Rekonvaleszenzphase
(Indirekte Immunfluoreszenz)	

* Untersuchungen durchgeführt von Prof. Frösner, Max V. Pettenkofer-Institut der Universität München

Diagnose einer Hepatitis

Das Vorliegen einer Hepatitis wurde vermutet, wenn ein Patient zwischen dem 14. und 180. Tag nach der Operation einen SGPT-Wert aufwies, der über dem 2,5fachen der oberen Normgrenze, also über 55 U/l lag und diese SGPT-Erhöhung eine Woche bestehen blieb [21, 3, 9, 7, 2, 5]
Zusätzlich mußte ein weitgehender Ausschluß nichtviraler Ursachen für die SGPT-Erhöhung wie Alkoholabusus, Arzneimittel-indizierte Hepatitis [31] und Stauungsleber angestrebt worden sein.

Die Differenzierung der primären Hepatitiden A bzw. B und der Begleithepatitiden bei Infektionen mit Cytomegalie (CM)- oder Eppstein-Barr (EB)-Viren erfolgte über die serologischen Befunde. Eine Hepatitis non-A, non-B wurde angenommen, wenn keine Hinweise auf eine frische Infektion mit EB-, CM-, HA- oder HB-Viren gefunden werden konnten.

Ergebnisse

Häufigkeit der Hepatitis nach Operationen am offenen Herzen

Von den insgesamt 568 prospektiv verfolgten Patienten aller 3 Studien erkrankten 28 bzw. 4,9% an einer Hepatitis. Die Hepatitishäufigkeit war jedoch nicht über alle Studien gleich verteilt, sie bewegte sich von 0 bis 12,4%. Teilweise ergaben sich sogar statistisch signifikante Unterschiede in der Hepatitisfrequenz der einzelnen Studien (Tabelle 5).

Tabelle 5. Postoperative Hepatitishäufigkeit bei Patienten aus der offenen Herzchirurgie in verschiedenen prospektiven Studien

	Patientenaufnahme	Besonderheiten	Anzahl ausgewerteter Patienten	Anzahl Hepatitiden (%)
1. Studie	Juni '73 bis April '74	6 bis 7 Jahre vor den anderen Studien durchgeführt	54	0 (0)[+]
2. Studie	Jan. '79 bis Mai '79	12,4% der Patienten mit Gerinnungsfaktoren	97	12 (12,4)[+0]
3. Studie	Febr. '80 bis Juli '81	Kontrollgruppe	208	11 (5,3)[0]
		mit HBIG behandelte Gruppe	209	5 (2,4)
Total			568	28 (4,9)

[+] $p < 0,01$ Fisher's exakter Test
[0] $p < 0,05$

Dazu ist zu bemerken, daß die verschiedenen prospektiven Studien bei gleicher Anlage und Auswertung doch spezifische Besonderheiten zeigten. So war die 1. Studie [27] in erheblichem zeitlichem Abstand von den übrigen beiden Studien durchgeführt worden, zudem war die Teilnehmerzahl mit 54 Patienten recht bescheiden.

In der 2. Studie [28] waren bei 12 der 97 Patienten neben Fremdblut auch unbehandelte Gerinnungsfaktoren aus gepoolten Plasmen zum Einsatz gekommen. Ausschließlich diese 12 Patienten erkrankten in dem Kollektiv dieser 2. Studie postoperativ an einer Hepatitis. Von den restlichen Patienten aller anderen Studien hatten nur noch 2 weitere derartige Präparate erhalten.

Die 3. Studie schließlich sollte zeigen, ob durch Hepatitis-B-Immunglobulin (HBIG) eine sinnvolle Prophylaxe der PTH betrieben werden kann: nach Randomisierung erhielt ein Teil der Patienten vor der Operation und am 1. postoperativen Tag jeweils eine Ampulle á 5 ml eines i.v. verträglichen HBIG(Fa. Biotest, Frankfurt/Main). Der Anti-HBs-Gehalt dieses Präparates war im parallel line bioassay unter Verwendung der „1. Internationalen Referenz Präparation WHO HBIG" als Standard mit 280 IU/ml bestimmt worden. Jeder Patient der Behandlungsgruppe erhielt damit innerhalb von wenigen Tagen 2800 IU Anti-HBs.

In der Behandlungsgruppe traten bei 209 Patienten 5 (2,4%) Hepatitiden auf, denen 11 (5,3%) Fälle von Hepatitis unter den 208 Patienten der Kontrollgruppe gegenüberstanden. Fünfzehn der insgesamt 16 in dieser 3. Prospektivstudie beobachteten Hepatitiden waren vom Typ non-A, non-B, nur eine Hepatitis B war bei einem Patienten der Kontrollgruppe aufgetreten. Die Häufigkeit der postoperativen Hepatitis bzw. der postoperativen Hepatitis non-A, non-B wurde durch die Applikation von HBIG um rund 50% gesenkt, ein statistisch signifikanter Unterschied zwischen Kontroll- und Behandlungsgruppe ergab sich allerdings nicht (11/208 bzw. 10/208 gegen 5/209, $p > 0,10$).

Es ist anzunehmen, daß die Kontrollgruppe der 3. Studie die derzeitige Situation hinsichtlich der Hepatitishäufigkeit nach Krankenhausaufenthalten und Fremdbluttransfusionen, jedoch ohne Anwendung von unbehandelten large pool-Plasmaderivaten, am besten widerspiegelt. In dieser Gruppe erkrankten von 208 Patienten 11 an einer Hepatitis, das entspricht einer Häufigkeit von 5,3%.

Ätiologisches Spektrum der beobachteten Hepatitiden

Eine Infektion mit HAV oder EBV als Ursache der Transaminasenererhöhung konnte bei allen 28 Patienten sicher ausgeschlossen werden.

Bei 13 der 28 Patienten war während der SGPT-Erhöhung Anti-CMV IgM nachweisbar, 6 Patienten zeigten diesen Befund auch im Praeserum. Welche Bedeutung bei den 7 übrigen Patienten mit Serokonversion für Anti-CMV IgM im postoperativen Verlauf dem CMV im Hinblick auf die Transaminasenerhöhung zukommt, ist fraglich. Denn 12 von 50 Patienten aus der Kontrollgruppe der 3. Studie ohne Hepatitis wiesen ebenfalls eine Serokonversion für Anti-CMV IgM auf, wobei das postoperative Serum 10 Wochen nach dem chirurgischen Eingriff entnommen worden war. Die Häufigkeit der Serokonversion bei

Patienten mit Hepatitis, die 25% (7/28) beträgt, unterscheidet sich jedenfalls nicht signifikant von der entsprechenden Frequenz bei Patienten ohne Hepatitis mit 24% (12/50) (p>0,10)

Ein Patient, dessen Praeserum negativ für HBsAg, Anti-HBs und Anti-HBc war, entwickelte eine klassische anikterische Hepatitis B mit positivem HBsAg und HBeAg und einer SGPT-Peakkonzentration von über 1000 U/l. In der 38. postoperativen Woche, 6 Monate nach dem ersten Auftreten von HBsAg, waren HBsAg und HBeAg immer noch positiv, die SGPT war mit 50 U/l noch erhöht.

Damit ergibt sich bei den 28 beobachteten Hepatitisfällen folgendes ätiologisches Spektrum: Infektionen mit HAV und EBV konnten nicht festgestellt werden. Bei 7 (25%) Patienten lagen zum Zeitpunkt der SGPT-Erhöhung Anzeichen einer Reinfektion mit CMV vor; ob jedoch bei diesen 7 Patienten jeweils eine CMV-induzierte Hepatitis anzunehmen ist, scheint fraglich. Nur ein Fall (3,6%) wurde als Hepatitis B klassifiziert. Mindestens 20 (71,4%), wenn nicht sogar 27 (96,4%) der 28 beobachteten Hepatitiden sind damit als Hepatitiden vom Typ non-A, non-B einzustufen.

Klinische Merkmale der 27 vermutlichen non-A, non-B Hepatitiden

In dieser Zusammenstellung wurden auch die 5 Hepatitisfälle der mit HBIG behandelten Gruppe berücksichtigt, da hinsichtlich der folgenden Parameter keine signifikanten Unterschiede zwischen Kontroll- und Behandlungsgruppe bestanden.

Acht der 27 (21,6%) Patienten wurden mit klinischen Zeichen einer Hepatitis hospitalisiert, bei 6 dieser Patienten trat ein Ikterus auf. Die Inkubationszeit, gerechnet vom Operationstag bis zum ersten SGPT-Anstieg über 55 U/l, betrug im Mittel 9,5 Wochen, Einzelfälle mit Inkubationszeiten von 2 bis 26 Wochen

Tabelle 6. Klinische Merkmale der 27 vermutlichen Non-A, non-B Hepatitiden[1]

Klinische Zeichen, Hospitalisierung	8/27 (29,6%)
davon ikterisch	6
Inkubationszeit	9,5 Wochen (2–26 Wochen)
SGPT-Peak	291 U/l (94–1200 U/l)
SGPT länger als 6 Monate erhöht	12/24 (50%)

1 Die 5 Hepatitisfälle der mit HBIG behandelten Gruppe sind berücksichtigt, da keine signifikanten Unterschiede in den aufgeführten Parametern zwischen Behandlungs- und Kontrollgruppen bestehen.

wurden beobachtet. Der Mittelwert der maximalen SGPT-Erhöhung lag bei 291 U/l, bei den einzelnen Patienten bewegte sich der SGPT-Peak von 94 bis 1200 U/l. Bei 12 von 24 Patienten hatte sich die SGPT nach 6 Monaten noch nicht normalisiert, es muß also mit einer Chronifizierungsrate von 50% gerechnet werden (Tabelle 6).

Hepatitisrisiko von unbehandelten Gerinnungsfaktoren aus gepoolten Plasmen

Unbehandelte Gerinnungsfaktoren aus gepoolten Plasmen stellten sich als Hauptrisikofaktor hinsichtlich einer Hepatitis bei den Empfängern heraus. Die Hepatitisinzidenz nach Verabreichung solcher Präparate war erschreckend hoch: von den 14 mit Gerinnungsfaktoren behandelten Patienten aus allen prospektiven Studien waren 12 (85,7%) an einer Hepatitis erkrankt, wobei es sich jeweils um Hepatitiden vom Typ non-A, non-B gehandelt hatte. Alle 12 Patienten mit Hepatitis stammten im übrigen aus der 2. Prospektivstudie. Unter den restlichen 85 Patienten dieser 2. Studie, denen keine Gerinnungsfaktoren appliziert worden waren, war keine Hepatitis aufgetreten. Der Unterschied in der Hepatitishäufigkeit zwischen Patienten mit und ohne Verabreichung von Gerinnungsfaktoren ist in der 2. Studie hoch signifikant (12/12 gegen 0/85, $p<0,001$). Auch wenn alle 568 prospektiv verfolgten Patienten betrachtet werden, bleibt bei Patienten mit zusätzlichen Gerinnungsfaktoren das Hepatitisrisiko signifikant höher als bei Patienten, die nur mit Blutkonserven versorgt wurden (12/14 oder 85,7% gegen 16/554 oder 2,9%, $p<0,001$).
Zur Beantwortung der Frage nach dem Hepatitis-B-Risiko, das von unbehandelten Gerinnungsfaktoren aus gepoolten Plasmen ausgeht, wurden nur die 359 Patienten herangezogen, die nicht mit HBIG behandelt worden waren. Von diesen 359 Patienten hatten 13 gerinnungsaktive Präparate erhalten. Keiner dieser Patienten war an einer klinisch manifesten oder subklinischen Hepatitis B erkrankt. Jedoch zeigten 5 oder 13 (38,5%) Patienten serologisch faßbare Antworten auf HBV bzw. HBV-Antigene. Darunter waren 2 HBV-Infektionen mit flüchtiger HBsAg-Reaktivität und Serokonversion für Anti-HBc und 3 Boosterreaktionen für Anti-HBs, d. h. ein mindestens 6facher Anstieg des schon praeoperativ positiven Anti-HBs innerhalb der ersten 10 Tage nach Applikation der Gerinnungsfaktoren. Daß diese Ereignisse im übrigen unabhängig von der bei allen 5 Patienten beobachteten Hepatitis non-A, non-B abliefen, zeigt der erhebliche zeitliche Abstand zwischen dem Auftreten der Transaminasenerhöhungen und dem Zeitpunkt der beschriebenen serologischen Veränderungen (Tabelle 7). Unter den 346 Patienten ohne Behandlung mit Gerinnungsfaktoren wurden nur 8 (2,3%) serologisch faßbare Reaktionen auf HBV bzw. HBV-Antigene beobachtet, darunter keine HBV-Infektion (5/13 oder 38,5% gegen 8/346 oder 2,3%, $p > 0,10$).

Tabelle 7. Serologische Reaktionen auf HBV bzw. HBV-Antigene nach Applikation von Gerinnungsfaktoren

Patient Nr.	Praeserum Anti		Anstieg oder Erscheinen von			Auftreten einer SGPT-Erhöhung	Gerinnungs-faktoren
	HBs	HBc	Anti-HBs	Anti-HBc	HBsAg		
1	GW*	−	22. Woche	22. Woche	14. Woche	10. Woche	Fibrinogen, Faktor VIII
2	−	−	26. Woche	26. Woche	18. Woche	6. Woche	Fibrinogen
3	+	+	7. Tag	−	−	6. Woche	Fibrinogen, Faktor VIII
4	+	+	10. Tag	−	−	10. Woche	Faktor IX
5	+	+	7. Tag	−	−	10. Woche	Fibrinogen, Faktor VIII, Faktor IX

*grenzwertig

Diskussion

Die von uns ermittelte Hepatitishäufigkeit bei Patienten in der offenen Herzchirurgie mit Fremdbluttransfusionen liegt mit 5,3% (11/208) im unteren Teil des Bereiches, der in vergleichbaren Untersuchungen der letzten Jahre abgesteckt wurde. Eine mit 2,1% (18/842) deutlich niedrigere Hepatitishäufigkeit wurde bei herzchirurgischen Patienten in Australien festgestellt [8]. In dieser Studie waren sogar, wenn auch in geringem Umfang, Gerinnungsfaktoren verabreicht worden, zudem war bei den Spendern keine SGPT-Bestimmung erfolgt. Aus Italien wurde mit 13,8% (34/246) die höchste Hepatitisfrequenz berichtet [32]. Berücksichtigt sind dabei nur Patienten ohne Applikation von Gerinnungsfaktoren, bei den Spendern waren wiederum keine SPGT-Werte bestimmt worden. Mit 12,7% (36/283) ähnlich hoch liegt die Hepatitishäufigkeit von kardiochirurgischen Patienten in den USA [5]. Die postoperative Hepatitishäufigkeit sinkt jedoch in dieser Untersuchung auf 8,6% (14/162), wenn nur Patienten betrachtet werden, die ausschließlich Blut von Spendern mit SGPT-Werten unter 33 U/l erhalten hatten.

In unseren prospektiven Studien spielten Infektionen mit HA-, EB-, CM- oder HB-Viren als Ursachen der sog. PTH keine oder nur eine untergeordnete Rolle. Dies gilt nicht nur für die vorgestellten Untersuchungen, sondern weltweit. Es gibt bisher lediglich 3 publizierte Hinweise auf insgesamt 5 Fälle von sog. PTH, die höchstwahrscheinlich durch HAV verursacht wurden [13, 6, 25], sowie auf eine wahrscheinliche Übertragung von HAV durch Bluttransfusion in einem weiteren Fall [23]. Nur jede 10000ste in der BRD abgenommene Blutkonserve dürfte HAV enthalten. Diese Zahl läßt sich ableiten aus einer Infektionshäufigkeit von 0,005 Personen pro Jahr [11] und unter Annahme einer einwöchigen Virämiephase. Es kommt hinzu, daß zur Zeit noch durchschnittlich rund 50% der Erwachsenen Anti-HAV aufweisen [10] und somit nur jeder zweite Patient suszeptibel ist.

Die praeoperative Durchseuchung mit EBV lag nicht nur in unseren Untersuchungen bei 100% [3, 9], und es gibt keine Hinweise für Reinfektionen bei immunkompetenten Individuen [9]. Nur in einem Fall konnte bisher EBV als Ursache einer PTH wahrscheinlich gemacht werden [15].

Die ätiologische Bedeutung von CMV-Infektionen für die PTH ist schwer zu beurteilen. Wir beobachteten bei den Patienten mit Hepatitis in 25% Hinweise auf Reinfektionen mit CMV während der postoperativen Phase. Kontrollpatienten ohne Hepatitis unterschieden sich jedoch hinsichtlich der Häufigkeit derartiger Befunde überhaupt nicht von den Patienten mit Hepatitis. Zum gleichen Ergebnis kamen Prince [21] sowie Alter [3].

Der Anteil der Hepatitis B am Gesamtaufkommen der sog. PTH war mit 3,6% in unseren Untersuchungen erwartungsgemäß recht bescheiden.

Die dominierende Rolle in diesem Geschehen spielte die Hepatitis non-A, non-B. Ihr Anteil an den 28 beobachteten Hepatitisfällen dieser prospektiven Studien betrug mindestens 71%, wenn nicht gar 96% und deckt sich damit vollständig mit den weltweit gemachten Beobachtungen anderer Untersucher [5, 15, 8, 32].

Tendenziell weisen die Ergebnisse der 3. Prospektivstudie auf eine gewisse Wirksamkeit von HBIG bei der Prophylaxe der PTH non-A, non-B hin. Ebenfalls günstige Erfahrungen sind aus anderen kontrollierten Prospektivstudien mit normalem Immunglobulin (ISG) bekannt [17, 24]. Allerdings liegen auch Arbeiten vor, in denen nach passiver Immunisierung von Blutempfängern mit ISG keine Beeinflussung der Inzidenz oder des Verlaufes von non-B Hepatitiden festgestellt wurde [18, 30]. Es ist anzunehmen, daß der Grad der Wirksamkeit chargenabhängig ist, bestimmt von der jeweiligen, derzeit nicht steuerbaren Zusammensetzung des Spenderpools.

Die Hepatitisinzidenz nach einmaliger Verabreichung von Gerinnungsfaktoren betrug 85,7% (12/14), alle 12 Hepatitiden waren vom Typ non-A, non-B. Ähnlich hohe Hepatitishäufigkeiten bei kardiochirurgischen Patienten nach Verabreichung von unbehandelten Gerinnungsfaktoren aus gepoolten Plasmen mit 70,6% (12/17), 56,4% (22/39) und 56,9% (29/51) wurden von anderen Untersuchern mitgeteilt [20, 14, 32]. Auch dabei handelte es sich in der weitaus überwiegenden Mehrzahl der Fälle um non-A, non-B Hepatitiden.

Im Vergleich zur Hepatitis non-A, non-B ist das Risiko einer HBV-Übertragung durch gepoolte Gerinnungsfaktoren eher gering einzuschätzen. Unter den 14 Empfängern derartiger Präparate, von denen 13 keine HBIG-Prophylaxe erhalten hatten, trat kein Fall einer klinisch manifesten oder subklinischen Hepatitis

B auf. Die Häufigkeit serologischer Veränderungen mit Bezug zu HBV, darunter immerhin 2 HBV-Infektionen, lag jedoch bei diesen Patienten mit 38,5% (5/13) deutlich höher als bei Patienten ohne Gerinnungspräparate (8/346, 2,3%). Trotz Spenderscreening mit Testen der 3. Generation sind also Gerinnungsfaktoren aus gepoolten Plasmen nicht frei von HBsAg oder HBV, eine im übrigen mehrfach gemachte Beobachtung [12, 16, 25, 19].

Literatur

1. Aach RD, Kahn RA (1980) Post-transfusion hepatitis: current perspectives. Ann Intern Med 92: 539–546
2. Aach RD, Szmuness W, Moslea JW, Hollinger FB, Kahn RA, Stevens CE, Edwards VM, Werch J. (1981) Serum alanine aminotransferase of donors in relation to the risk of non-A, non-B hepatitis in recipients. The transfusion-transmitted viruses study. New Engl J Med 304: 989–994
3. Alter HJ, Purcell RH, Holland PV, Feinstone SM, Morrow AG, Moritsugu Y (1975) Clinical and serological analysis of transfusion-associated hepatits. Lancet II: 838–841
4. Alter HJ, Holland PV, Purcell RH (1980) Current status of posttransfusion hepatitis. In: Joachim HL, (ed) Pathobiology Annual 1980, 10: pp 135–156. Raven Press, New York
5. Alter HJ, Purcell RH, Holland PV, Alling DW, Koziol DE (1981) Donor transaminase and recipient hepatitis. Impact on blood transfusion services. JAMA 246: 630–634
6. Barbara JAJ, Howell DR, Briggs M, Parry JV (1982) Post-transfusion hepatitis A. Lancet I: 738
7. Berman M, Alter HJ, Ishak KG, Purcell RH, Jones EA (1979) The chronic sequelae of non-A, non-B hepatitis. Ann Intern Med 91: 1–6
8. Cossart YE, Kirsch S, Ismay SL (1982) Post-transfusion hepatitis in Australia. Lancet I: 208–213
9. Feinstone SM, Kapikian AZ, Purcell RH, Alter HJ, Holland PV (1975) Transfusion-associated hepatitis not due to viral hepatitis type A or B. New Engl J Med 292: 767–770
10. Frösner GG, Frösner HR, Haas H, Dietz K, Sugg U, Schneider W (1977) Häufigkeit von Hepatitis-A-Antikörpern in Bevölkerungsgruppen verschiedener europäischer Länder. Schweiz Med Wschr 107: 129–133
11. Frösner G, Willers H, Müller R, Schenzle D, Deinhardt F, Höpken W (1978) Decrease in incidence of hepatitis A infections in Germany. Infection 6: 259–260
12. Gerety RJ, Eyster ME, Tabor E, Drucker JA, Lusch CJ, Prager D, Rice SA, Bowman HS (1980) Hepatitis B virus, hepatitis A virus and persistently elevated aminotransferases in hemophiliacs. J Med Virol 6: 111–118
13. Hollinger FB,, Dreesman GR, Fields H, Melnick JL (1975) HBcAg, anti-HBc, and DNA polymerase acitvity in transfused recipients followd prospectively. Am J Med Sci 270: 343–348
14. Hoppe I, Maaß H (1982) Hepatitisrisiko von konventionellen PPSB-Poolpräparaten. Dtsch Med Wschr 107: 1966–1968
15. Katchaki JN, Siem TH, Brouwer R, van Loon AM, van der Logt JThM (1981) Prosttransfusion non-A, non-B hepatitis in the Netherlands. Brit Med J 282: 107–108

16. Kim HC, Saidi P, Ackley AM, Bringelsen KA, Gocke DJ (1980) Prevalence of type B and non-A, non-B hepatitis in hemophilia: Relationship to chronic liver disease. Gastroenterology 79: 1159–1164
17. Knodell RG, Conrad ME, Ginsberg AL, Bell CJ, Flannery EP (1976) Efficacy of prophylactic gamma-globulin in preventing non-A, non-B post-transfusion hepatitis. Lancet I: 557–561
18. Kuhns WJ, Prince AM, Brotman B, Hazzi C, Grady GF (1976) A clinical and laboratory evaluation of immune serum globulin from donors with a history of hepatitis: attempted prevention of post-transfusion hepatitis. Am J Med Sci 272: 255–261
19. Norkrans G, Widell A, Teger-Nilsson A-C, Kjellman H, Frösner G, Iwarson S (1981) Acute hepatitis non-A, non-B following administration of factor VIII concentrates. Vox Sang 41: 129–133
20. Ohlmeier H, Dahmen E, Hoppe I (1978) Hepatitisrisiko von humanen Gerinnungspräparaten aus gepoolten Plasmen. Dtsch Med Wschr 103: 1700–1703
21. Prince AM, Brotman B, Grady GF, Kuhns WJ, Hazzi Ch, Levine RW, Millian SJ (1974) Long-incubation post-transfusion hepatitis without serological evidence of exposure to hepatitis-B virus. Lancet II: 241–246
22. Roggendorf M, Deinhardt F, Frösner GG, Scheid R, Bayerl B, Zachoval R (1981) Immunoglobulin M antibodies to hepatitis B core antigen: evaluation of enzyme immunoassay for diagnosis of hepatitis B virus infection. J Clin Microbiol 13: 618–626
23. Seeberg S, Brandberg A, Hermodsson S, Larsson P, Lundgren S (1981) Hospital outbreak of hepatitis A secondary to blood exchange in a baby. Lancet I: 1155–1156
24. Seef LB, Zimmerman HJ, Wright EC, Finkelstein JD, Garcia-Pont P, Greenlee HB, Dietz AA, Leevy CM, Tamburro CH, Schiff ER, Schimmel EM, Zemel R, Zimmon DS, McCollum RW (1977) A randomized, double blind controlled trial of the efficacy of immune serum globulin for the prevention of post-transfusion hepatitis. Gastroenterology 72: 111–121
25. Skidmore SJ, Jones TEG, Boxall EH (1980) Non-A, non-B hepatitis in patients receiving blood products. J Med Virol 6: 85–89
26. Skidmore SJ, Boxall EH, Ala F (1982) A case report of post-transfusion hepatitis A. J Med Virol 10: 223
27. Sugg U, Frösner GG, Schneider W, Stunkat R (1976) Hepatitishäufigkeit nach Transfusion von HBsAg-negativem und Anti-HBs-positivem Blut. Klin Wschr 54: 1133–1136
28. Sugg U, Frösner GG, Lissner R, Stunkat R, Schneider W (1983) Post-transfusion hepatitis and its association with pooled clotting factors. Eur J Clin Microbiol 2: 135–140
29. Schneider W, Schorer R (1982) Klinische Transfusionsmedizin, Vorwort. edition medizin, Weinheim, Deerfield Beach, Basel 1982
30. Schumacher K, Maerker-Alzer G, Kleinau TH, Hügel W, Dalichau H, Dienst C, Mitrenga D (1982) Passive Immunprophylaxe der Posttransfusionshepatitis durch Immunglobulin-Präparationen. Dtsch Med Wschr 107: 1459–1464
31. Tscheke R (1983) Leberschäden durch Arzneimittel. Dtsch Med Wschr 108: 190–194
32. Tremolada F, Chiappetta F, Noventa F, Valfrè C, Ongaro G, Realdi G (1983) Prospective study of posttransfusion hepatitis in cardiac surgery patients receiving only blood or also blood products. Vox Sang 44: 25–30

Hepatitissichere Arzneimittel aus Humanblut

W. Stephan

Das Problem

Arzneimittel aus Humanblut, wie z. B. Gerinnungsfaktoren und Antikörperpräparate, werden aus großen Plasmapools hergestellt, da sich nur auf diesem Wege eine Standardisierung und eine rentable Herstellung bewerkstelligen lassen. Dies führt, trotz sorgfältigstem Spender-Screening, zwangsläufig zu einer Kontamination mit Viren der verschiedensten pathogenetisch wichtigen Gruppen. Der Grund hierfür ist, daß die Empfindlichkeit der existierenden Testsysteme zum Virusausschluß nicht groß genug ist, um kleinste Virusmengen zu entdecken, auf der anderen Seite existieren für eine Reihe von Viren keine zuverlässigen Testsysteme (Tabelle 1). Bei der Fraktionierung von gepooltem Plasma verteilt sich andererseits die Infektiosität nicht gleichmäßig, sondern sie wird in bestimmten Proteinfraktionen angereichert, so daß man in bezug auf das Hepatitisrisiko zwei Hauptgruppen von Arzneimitteln erhält – die sogenannten "High-Risk"- und die "Low-Risk-Präparate" (Tabelle 2).

Tabelle 1. Potentiell in gescreenten Plasmapools vorhandene Viren

Hepatitisviren	HBV, Non-A/Non-B
Herpesviren	CMV, EBV
Andere Viren	T-Zell-Leukämie-Virus? AIDS-Erreger?

Tabelle 2. „High-risk"- und „Low-risk-Präparate" in Bezug auf Hepatitis-Infektiosität

Risikogruppe	Präparate
High risk	Fibrinogen, AHG, PPSB, nicht sterilisierte Serumkonserve
Low risk	Albumin, IgG

Unser Hauptinteresse wendet sich demgemäß der Sterilisation von Gerinnungsfaktoren zu, da sich Viren hauptsächlich in diesen Fraktionen anreichern und die Gerinnungsfaktoren auf der anderen Seite so unstabil sind, daß die Standard-Pasteurisationstechnik nicht anwendbar ist. Welche Abwandlungen der Albumin-Pasteurisationstechnik zur Erhitzung von Gerinnungsfaktoren notwendig sind, hat Heimburger [1] berichtet, und ich werde später auf die Pasteurisation von Gerinnungsfaktoren in Gegenwart von speziellen Stabilisator-Zusätzen zu sprechen kommen.

Die Problemlösung: Kaltsterilisation durch β-Propiolacton und UV-Bestrahlung

Wir haben eine Sterilisationsmethode aufgegriffen, die 1956 von LoGrippo [2] zur Sterilisation von Humanplasma angewendet und publiziert wurde (Abb. 1).

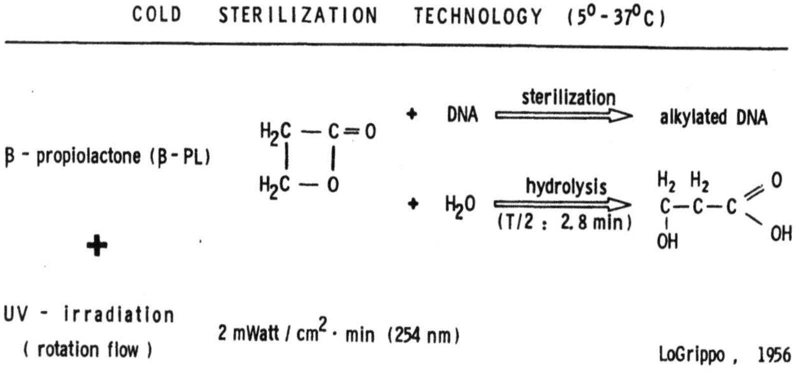

COLD   STERILIZATION   TECHNOLOGY   ($5^0 - 37^0 C$)

β - propiolactone (β-PL)
$H_2C - C = O$
$\;\;\;\;\;\;\;\;\;\;\;|\;\;\;\;\;|$
$H_2C - O$

+ DNA $\xrightarrow{\text{sterilization}}$ alkylated DNA

+ H_2O $\xrightarrow[\text{(T/2 : 2.8 min)}]{\text{hydrolysis}}$ $\begin{array}{c} H_2\;\;H_2 \\ C-C-C \\ | \\ OH \end{array} \begin{array}{c} \\ \diagup^O \\ \diagdown_{OH} \end{array}$

+

UV - irradiation
(rotation flow)   2 mWatt / cm^2 · min (254 nm)

LoGrippo, 1956

Abb. 1

Der wesentliche Fortschritt dieser Methode besteht in der Kombination einer chemischen mit einer photochemischen Sterilisation. Es muß immer wieder betont werden, daß diese sogenannte „Kaltsterilisation" nur in der erwähnten Kombination hochwirksam ist. Die Einzelschritte für sich allein, das gilt sowohl für β-Propiolacton (β-PL) als auch für die UV-Bestrahlung, sind nicht effektiv genug, um Plasma schonend zu sterilisieren. Dies wurde von Murray in den 60er Jahren in Freiwilligen-Studien gezeigt [3, 4]. Leider wurden aus den damaligen enttäuschenden Ergebnissen die falschen Schlußfolgerungen gezogen, so daß die Untersuchungsreihe abgebrochen wurde, bevor die Kombination β-PL/UV geprüft worden war. Außerdem wurden damals unverdünnte Hepatitisplasmen der akuten Krankheitsphase eingesetzt; wir wissen heute, daß bei einer derart hohen Infektiosität, die mit den heutigen Verhältnissen der Herstellungspraxis (Spenderauswahl) nichts zu tun hat, die Sterilisation mit β-PL und UV an ihre Grenzen stößt.

Das Thema Cancerogenität von β-PL soll und darf nicht ausgeklammert werden. β-PL ist ein Cancerogen, das aber in wäßrigen Lösungen und in Gegenwart von Plasmaesterasen bei 37° C mit einer Halbwertszeit von 2,8 Minuten sehr schnell zerfällt. Die durch Hydrolyse entstehende β-Hydroxypropionsäure ist selbst nicht cancerogen und hat die Verträglichkeit von Milchsäure [5]. Sie wird durch Ultrafiltration oder Präzipitationsverfahren, zusammen mit anderen niedermolekularen Substanzen, aus dem Reaktionsgemisch entfernt. Mit Gaschromatographie [6] und Mutagenitätstests [7] wurden alle Endprodukte überprüft, und erwartungsgemäß ist β-Propiolacton nicht nachweisbar.

Wie funktioniert die Kaltsterilisation?

Sowohl β-PL als auch UV modifizieren die Nukleinsäurebestandteile der Viren, so daß es zu einer irreversiblen Zerstörung des genetischen Materials kommt (Abb. 2). Die UV-Bestrahlung wird im Rotationsdurchfluß durchgeführt (Abb. 3).

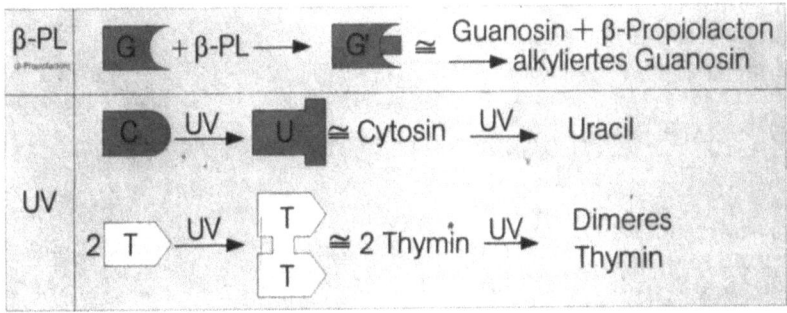

Abb. 2. Schematische Darstellung der Veränderungen der RNA oder DNA von Viren durch die Kaltsterilisation

Bei der Inaktivierung von Viren in Gegenwart von empfindlichen Plasmaproteinen besteht das Hauptproblem darin, die Viren zu inaktivieren ohne dabei die Plasmaproteine zu zerstören. Leider muß man hierbei Ausbeuteverluste in Kauf nehmen, die von Protein zu Protein verschieden sind (Tabelle 3).

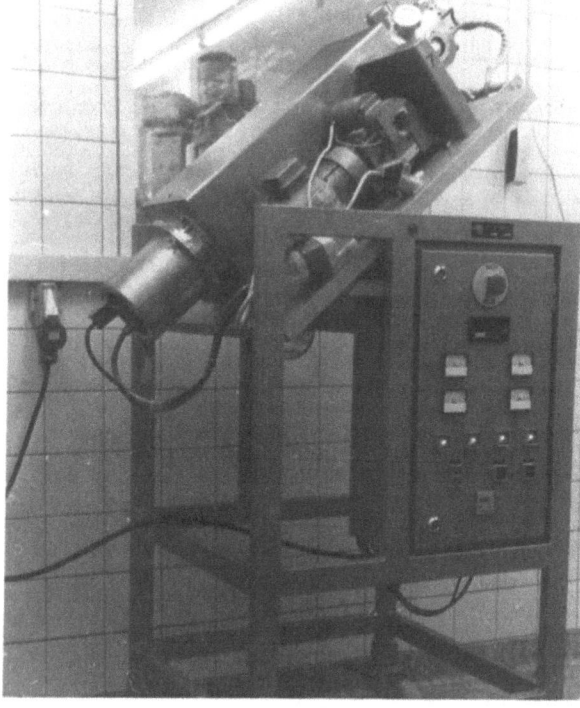

Abb. 3. UV-Bestrahlung von Plasma unter Rotationsdurchfluß

Tabelle 3. Aktivitätsausbeute nach β-PL/UV-Behandlung von Humanplasma

Protein	Ausbeute in %	Parameter
Albumin	~ 100	Bilirubinbindung
α_1 Antitrypsin	~ 100	Inhibitorwirkung
IgG, IgM	~ 100	Antikörperaktivität
Fibrinogen	~ 90	Gerinnungstest
AHG	~ 50	Gerinnungstest
PPSB	~ 50	Gerinnungstest

Wie man sieht, bleiben die Serumproteine nahezu unbeeinträchtigt. Da die Aktivitäten der Gerinnungsfaktoren deutlich reduziert werden, müssen zu deren Isolierung besondere Reinigungsmethoden angewandt werden. Dies hat bei Biotest zu dem Produktionsschema der Abbildung 4 geführt. Die kaltsterilisierte Serumkonserve Biseko [8, 10, 11] ist seit 1966 im klinischen Einsatz, das PPSB-Konzentrat [12, 13] seit 1975. Fibrinogen und Faktor VIII-Konzentrat befinden sich in einem fortgeschrittenen Entwicklungsstadium.

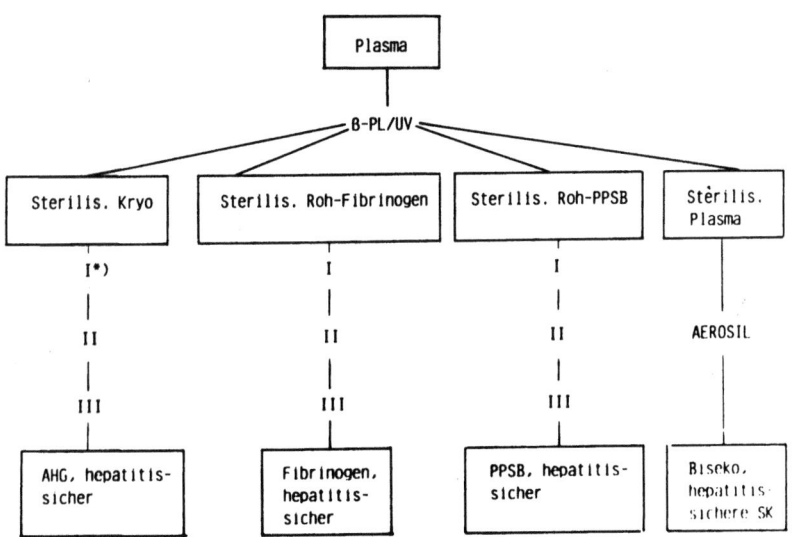

*) I, II, III: proteinchemische Reinigungsschritte

Abb. 4. Fraktionierung von kaltsterilisiertem Plasma

Nachweis der Effektivität von β-PL/UV im Schimpansen

Der zentrale Schritt des Biotest Fraktionier-Verfahrens ist demnach die Sterilisation mit β-PL und UV, und ich möchte aus der Vielzahl der Studien zum Effektivitätsnachweis (Tabelle 4) zwei Schimpansenstudien beschreiben, die in Zusammenarbeit mit A. M. Prince unter Verwendung von Plasma bekannter

Tabelle 4. Effektivität von β-PL/UV bei der Inaktivierung von Hepatitisviren

Studie	Inaktivierung
Stephan, Berthold, 1981	$\sim 10^6$ CID_{50} HBV/ml
Prince, Stephan, 1983	$\sim 10^7$ CID_{50} HBV/ml
Frösner, Stephan, 1983	$\sim 10^8$ Hepatitis A-Viren/ml
Prince, Stephan, 1983	$> 10^4$ CID_{50} Non-A, Non-B (Hutch. Strain)
Virusmenge in großen Pools	$\sim 10^3$ HBV/ml ~ 10 NANB-Viren/ml

Hepatitis-Infektiosität durchgeführt wurden. Die eine Studie wurde mit Hepatitis B-Viren durchgeführt und erlaubt eine recht genaue Quantifizierung des β-PL/UV-Effekts. Die Prüfergebnisse im Schimpansen und die Berechnung des β-PL/UV-Effekts sind in Tabelle 5 dargestellt.

Tabelle 5. Effektivität von β-PL/UV und Aerosil (AE) bei infektiösem Plasma (Prince, Stephan 1983)

Schimpansen		Inokulum			Inkub.-zeit	Ergebnis	
Nr.	Gewicht kg	Produkt	Vol. (ml)	HBsAg (ng/ml)	(HBsAg,) Wochen	HBV CID_{50}/ml	Wirksamkeit
134	8,3	HBV-infektiöses Plasma	10	80	4	$10^{5,9**)}$	
137	8,2		10	80	4	$10^{5,9}$	
129	16,9	HBV-infektiöses Plasma + β-PL/UV	10	87	20	$10^{-1,0}$	
139	14,5		10	87	NI		$10^{6,9}$
145	11,1	HBV-infektiöses Plasma + β-PL/UV/AE	10	5	NI	$10^{8,2*)}$	
147	11,1		10	5	NI		

Abk.: CID_{50} = chimpanzee infectious dose
NI = nicht infektiös
*) enthält $10^{1,3}$fache Reduktion des HBsAg-Gehalts durch Aerosil®-Adsorption
**) Ermittelt durch Titration und DNA-Bestimmung

Die zweite Studie wurde mit Hepatitis Non-A, Non-B-Virus in Form des titrierten Hutchinson-Strain, dessen Infektiosität mindestens 10^6 CID_{50}/ml beträgt, durchgeführt. Dieses hochinfektiöse Material wurde 1:1000 mit Plasma von gesunden Plasmapheresespendern verdünnt und mit β-PL/UV behandelt unter Bedingungen, die der Produktion entsprechen. Zwei Schimpansen wurden mit 10 ml des sterilisierten Materials intravenös inokuliert, und beide Tiere entwickelten innerhalb von 203 Tagen keine Non-A, Non-B-Hepatitis.
Die Transaminasen bewegten sich im Normbereich; die elektronenmikroskopische Untersuchung des Leberbiopsiematerials, das monatlich entnommen wurde, ergab einen normalen Befund. Die für eine Non-A, Non-B-Hepatitis charakteristischen Veränderungen [9] konnten in keinem Falle nachgewiesen werden. Die gleichen Tiere wurden danach mit 10 ml des nicht sterilisierten Ausgangsmaterials, entsprechend einer Infektiosität von mindestens $10^4 CID_{50}$, intravenös inokuliert, um einerseits die Infektiosiät des eingesetzten Materials, andererseits die Suszeptibilität der eingesetzten Tiere zu beweisen.

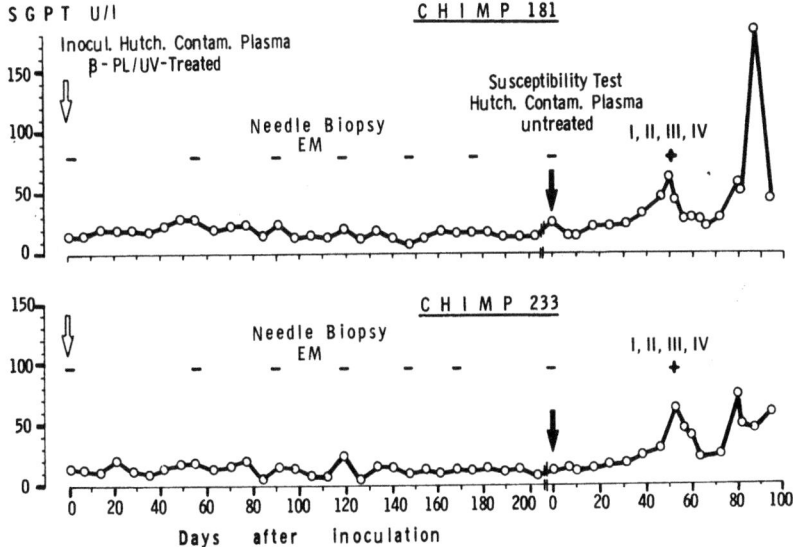

Abb. 5. Sterilisation von Hepatitis Non-A, Non-B-Viren in Humanplasma. Follow-up und Suszeptibilitätstest

Die Ergebnisse, die in Abbildung 5 zusammengestellt sind, zeigen, daß beide Tiere eine eindeutige Hepatitis Non-A, Non-B entwickeln. Nach ca. 30 Tagen werden erhöhte Transaminasen gemessen und im Elektronenmikroskop die charakteristischen Leberveränderungen nachgewiesen; es traten nacheinander auf:
Cytoplasmatische Einschlüsse,
cytoplasmatische Änderungen der Membranen,
doppelwandige Zylinder sowie
dichtgepackte Mikrotubuli.

Kaltsterilisation und Pasteurisation im Vergleich

Wieviel Hepatitisviren kann man nun in einem großen Plasmapool erwarten? Wir haben berechnet, daß sich in einem Plasmapool von gescreenten Plasmaspendern max. 10^3 Hepatitis-B-Viren pro ml und max. 10 Hepatitis Non-A, Non-B-Viren pro ml befinden können.
Der Rechnung wurde zugrunde gelegt die Inzidenz für Hepatitis B und Non-A, Non-B nach Bluttransfusion [15], die Nachweisgrenze der Hepatitis B-Serologie und der Befund, daß Plasma von SGPT-unauffälligen Non-A, Non-B Carriern

ca. $10^{2,5}$ CID_{50}/ml an Hepatitis Non-A, Non-B-Infektiosität enthalten kann (A. M. Prince, persönliche Mitteilung). Vergleicht man diese Viruszahl mit der Anzahl von Viren, die pro Volumeneinheit durch die β-PL/UV-Sterilisation (10^7/ml) inaktiviert werden kann, so zeigt sich, daß der notwendige „Overkill" vorliegt, der die Hepatitissicherheit der aus kaltsterilisiertem Plasma hergestellten Präparate gewährleistet.

Es sei noch kurz auf die Pasteurisierung eingegangen, wie sie bei Humanalbumin und den Gerinnungsfaktoren unter Zusatz unterschiedlicher Stabilisatoren angewendet wird. Es ist bekannt, daß unter der Bedingung der Pasteurisation von Humanalbumin (Caprylat-Stabilisierung) ca. 10^4 Hepatitis-B-Viren pro ml abgetötet werden [16]. Nach Heimburger kann die Pasteurisation in Gegenwart von Saccharose, Glycin und Ca^{++}, wie man sie bei der AHG-Herstellung anwendet, ca $10^{2,5}$ Hepatitis-B-Viren pro ml inaktivieren [1].

Wir sind der Frage nachgegangen, ob die zur Stabilisierung der Gerinnungsfaktoren zugesetzte Saccharose nicht auch virusstabilisierend wirkt.

Unter Benutzung von Phagen und Hepatitis-A-Viren sind wir zu den Ergebnissen der Tabelle 6 gekommen. Man sieht, daß durch den Stabilisator-Zusatz, der den Faktor VIII stabilisiert, die Effektivität der Pasteurisation bezüglich der Virusinaktivierung deutlich reduziert wird.

Tabelle 6. Inaktivierung von Phagen und Hepatitis-A-Viren in 5% Humanalbumin durch Pasteurisation in Gegenwart von Saccharose/Glycin/Ca^{++}Stabilisator

Exp.	Virus	Inaktivierungsrate (N/N^0)	
		+ Stabilisator	− Stabilisator
1	Kappa-Phagen	$1,8 \times 10^{-1}$	$< 4,2 \times 10^{-9}$
2	Hep. A	$3,2 \times 10^{-4}$	$< 3,2 \times 10^{-6}$

Faßt man alle bekannten Daten zusammen, kommt man zu den Inaktivierungsraten für die einzelnen Sterilisationsmaßnahmen, die in der Tabelle 7 zusammengefaßt sind.

Tabelle 7. Effektivität einzelner Sterilisationsverfahren

Methode	Effekt (Reduktion in CID_{50} HBV/ml)
β-PL/UV/AEROSIL®	$\sim 10^8$
β-PL/UV	$\sim 10^7$
Past. (Albumin)	$\sim 10^4$
Past. (AHG)	$\ll 10^4$
Virusmenge in großen Pools	$\sim 10^3$ HBV/ml ~ 10 NANB/ml

Kaltsterilisation und AIDS

Schließen möchte ich mit einem aktuellen Aspekt. Wie Sie wissen, betrifft die Diskussion um den Erreger von AIDS auch die Hersteller von Plasmaprodukten. Zwar wird das AIDS-Übertragungsrisiko durch Plasmaderivate weitaus geringer eingeschätzt als das Risiko einer Hepatitis-Übertragung, jedoch ist die Letalität ungleich höher. Als möglicher Erreger von AIDS wird unter anderem ein T-Zell-Virus aus der Gruppe der labilen Retroviren diskutiert [23]. Wie Tabelle 8 zeigt, ist die Kombination von β-PL und UV in der Lage, hohe Konzentrationen von labilen und stabilen Viren der verschiedensten Virusgruppen, insbesondere auch Retroviren wie das Katzen-T-Zell-Leukämievirus (FeSV) und das Simian-Sarkomavirus (SiSV) [22] in Plasma zu inaktivieren.

Tabelle 8. Inaktivierung von Viren durch β-PL/UV in Humanplasma

Virus	Nukleinsäure	Größe nm	onkogen	Lit.
SV-40	DNA	43	ja	17
EEE	RNA	45–58	nein	18
Hepat. A	RNA	27	nein	19
Hepat. B	DNA	42	ja	14
Hepat. NANB	?	?	?	20
Phagen	DNA	20–400	nein	21
Katzenleuk.-Virus	RNA	100	ja	22
Affensarcoma-Virus	RNA	100	ja	22

Daher erwarten wir, daß auch der Erreger von AIDS, falls es sich um ein Virus handelt, durch β-PL/UV inaktiviert wird. Entsprechende Untersuchungen zum naturwissenschaftlichen Nachweis dieser Extrapolation sind erst dann möglich, wenn der oder die Erreger von AIDS entdeckt und tierexperimentelle Modelle oder In-vitro-Testsysteme ausgearbeitet sind.

Literatur

1. Heimburger N, Schwinn H, Gratz P, Lüben G, Kumpe G, Herchenhan B (1981) Faktor VIII-Konzentrat, hochgereinigt und in Lösung erhitzt. Arzneimittelforsch. 31: I, 619
2. LoGrippo GA, Hartman FW (1958) Chemical and combined methods for plasma sterilization. Bibl. Haematologica 7: 225
3. Murray R, Oliphant JW, Tripp JT, Hampil B, Ratner F, Diefenbach WCL, Geller H (1955) Effect of ultraviolet radiation on the infectivity of icterogenic plasma. JAMA 157: 8
4. Barker LF, Murray R (1971) Acquisition of hepatitis-associated antigen. Clinical features in young adults. JAMA 216: 1970–1976

5. Kelly AR, Hartman FW, Rupe CE (1957) The toxicology of beta-propiolactone. Henry Ford Hospital International Symposium 1956, in: Hartman/LoGrippo/Mateer/ Barron, Hepatitis Frontiers, Little Brown & Co., Boston, Mass., 387–406
6. Pruggmayer D, Stephan W (1976) Gas chromatographic trace analysisof β-propiolactone in sterilized serum proteins. Vox Sang. 31: 191–198
7. Pincus JH, Mortelmans K, Tanaka W, Stephan W, Lissner R (1981) On the mutagenicity and immunogenicity of a β-propiolactone-treated therapeutic IgG-preparation. Arzneimittelforsch. 31: II, 1924–1928
8. Hartlapp JH, Schmidt RE, Illiger HJ (1982) Die Serumkonserve als supportive Therapie bei der zytostatischen Behandlung metastasierter Hodentumoren. In: Kalden/Koenig: Blutkomponenten und Plasmaersatzmittel. Springer Verlag Berlin, Heidelberg, New York, S. 97–101
9. Pfeifer U, Thomssen R, Legler K, Böttcher U, Gerlich W, Weinmann E und Klinge O (1980) Experimental non-A, non-B hepatitis: Four types of cytoplasmic alteration in hepatocytes of infected chimpanzees. Virchows Archiv B Cell Pathology 33: 233–243
10. Bauer HW, Mellin HE (1982) Serumkonserve zur Prophylaxe von Komplikationen nach abdominal-chirurgisch urologischen Eingriffen. In: Kalden/Koenig: Blutkomponenten und Plasmaersatzmittel. Springer Verlag Berlin, Heidelberg, New York, S. 102–106
11. Stephan W (1971) Hepatitis-free and stable human serum for intravenous therapy. Vox Sang. 20: 442–457
12. Stephan W, Kotitschke R, Prince AM, Brotman B (1981) Long-term tolerance and recovery of β-propiolactone/ultraviolet (β-PL/UV)-treated PPSB in chimpanzees. Thromb. Haemost. 46: (2), 511–514
13. Schimpf K, Westphal B (1980) Vergleich von drei Prothrombinkomplexpräparaten. In vitro-Aktivitäten, in vivo-Recovery und Faktor IX-Halbwertszeit. In: Deutsch/ Lechner: Fibrinolyse, Thrombose, Hämostase, F. K. Schattauer Verlag, Stuttgart, S 335–338
14. Prince AM, Stephan W, Brotman B (1983) β-Propiolactone/ultraviolet irradiation: A review of its effectiveness for inactivation of viruses in blood derivatives. Rev. Infect. Dis. 5: 92–107
15. Sugg U, Frösner GG, Lissner R, Stunkat R, Schneider W (1983) Post-transfusion hepatitis and its association with pooled clotting factors. Eur. J. Clin. Microbiol. 2: 135–140
16. Shikata T, Karasawa T, Abe K, Takahashi T, Mayumi M, Oda T (1978) Incomplete inactivation of hepatitis B virus after heat treatment at 60° C for 10 hours. J. Infect. Dis. 138: 242–244
17. Hayashi H, LoGrippo GA (1962) Inactivation of vacuolating virus (SV 40) by betapropiolactone. I. Evaluation in tissue culture. Henry Ford Hosp. Bull. 10: 463–470
18. LoGrippo GA, Hartmann FW (1958): Chemical and combined methods for plasma sterilization. Bibl. Haematologica 7: 225–230
19. Frösner GG, Stephan W, Dichtelmüller H (1983) Inactivation of hepatitis A virus added to pooled human plasma by betapropiolactone treatment and ultraviolet irradiation. Eur. J. Clin. Microbiol. 2: 355–357
20. Prince AM, Stephan W, Kotitschke R, Brotman B (im Druck) Inactivation of hepatitis B and non-A, non-B viruses by combined use of Tween 80®, β-propiolactone and ultraviolet irradiation. Thromb. Haemost
21. Stephan W, May G (1968) Adsorption von Coli-Phagen. Behandlung von Seren mit Adsorbentien, II. Mitteilung. Z. klin. Chem. klin. Biochem. 6: 191–192
22. Dichtelmüller H, Stephan W, Bauer H, Friis RR Inaktivierung von Retroviren durch β-Propiolacton/UV. Publikation in Vorbereitung
23. Maurice J (1983) „T" leukemia virus still suspected in AIDS. JAMA 250: 1015; 1021

Kinetik von Immunglobulin G nach intravenöser oder intramuskulärer Applikation

W. M. Glöckner

Einleitung

Bei der Beurteilung der biologischen Aktivität eines Immunglobulinpräparates, stellt seine Halbwertszeit als Maß für die Eliminationsgeschwindigkeit aus dem Plasmakompartiment einen wesentlichen Parameter dar, der einen Einblick in das Ausmaß der präparationsbedingten Alteration des Immunglobulinmoleküls gewährt. Dabei spielen Veränderungen am F_c-Teil des IgG-Moleküls eine besondere Rolle, da der Katabolismus über diesen Teil des Moleküls gesteuert wird [1]. So verkürzt sich die Halbwertszeit des nativen IgG von etwa 3 Wochen auf 2 Tage, wenn durch Pepsinbehandlung der F_c-Teil des IgG-Moleküls abgespalten wird [2]. Andererseits sind diese kinetischen Daten jedoch auch für eine rationale Anwendung der IgG-Präparate mit dosis- und zeitangepaßten Applikationsintervallen notwendig.

Für die Bestimmung der Halbwertszeit von Immunglobulin G stehen grundsätzlich 3 Methoden zur Verfügung: So kann einerseits die Gesamt-IgG-Konzentration nach IgG-Substitution in hypo- oder agammaglobulinämischen Patienten verfolgt und daraus die Plasmahalbwertszeit berechnet werden, wobei jedoch der Konzentrations-Katabolismus-Effekt sich störend bemerkbar macht, d. h. der verminderte IgG-Metabolismus mit der daraus resultierenden verlängerten Halbwertszeit beim primären Antikörpermangelsyndrom [3]. Andererseits kann durch radioaktive Isotopen-Markierung von IgG sein Aktivitätsabfall im Blut verfolgt und daraus die Kinetik berechnet werden. Jedoch müssen neben der dafür notwendigen Applikation einer wenn auch kleinen Menge Radioaktivität an die Probanden auch die diesen Tracer-Methoden immanenten Fehlermöglichkeiten bedacht werden, z. B. die Störung der Antikörperfunktion durch die Markierung wie auch die Abspaltung bzw. der Transfer des Isotops von IgG auf ein anderes Plasmaprotein.

Somit erscheint drittens die Messung des Verlaufs von spezifischen Antikörpertitern nach Applikation von hochtitrigen IgG-Präparaten als der günstigste Weg, um ohne größere Belästigung des Probanden durch Zufuhr einer kleinen, den Gesamtkörperpool nicht beeinflussenden IgG-Menge dessen Kinetik sensibel zu erfassen.

Methodik

Im Rahmen einer Studie zur passiven Immunisierung von Dialysepersonal und -patienten mit Anti-HB$_s$-Immunglobulin [4] wurde bei 24 HB$_s$-Antigen- und Anti-HB$_s$-negativen Personen deren Anti-HB$_s$-Antikörpertiter wiederholt untersucht.

Dabei erfolgten diese Messungen bei 17 Personen, davon 10 Dialyse-Patienten und 7 gesunden Probanden, nach intravenöser Immunisierung und bei 7 Personen, davon 4 Dialysepatienten und 3 Probanden, nach intramuskulärer Immunisierung. Zu diesem Zweck wurde jeweils 10 ml eines Anti-HB$_s$-Hyperimmunglobulins mit einer spezifischen Antikörperkonzentration von 50 I.E./ml (Hepatect®) intravenös oder 5 ml des Anti-HB$_s$-Hyperimmunglobulins Gammaprotect® Hepatitis mit einer spezifischen Konzentration von 200 I.E./ml intramuskulär appliziert.

Die Blutproben wurden unmittelbar vor der Immunglobulingabe, sowie nach 2 Stunden, nach 1, 2, 3 Tagen, nach 1, 2, 3, 4, 8 und 12 Wochen entnommen, und das Serum bei $-20°$ C bis zur Messung eingefroren. Die Bestimmung der Anti-

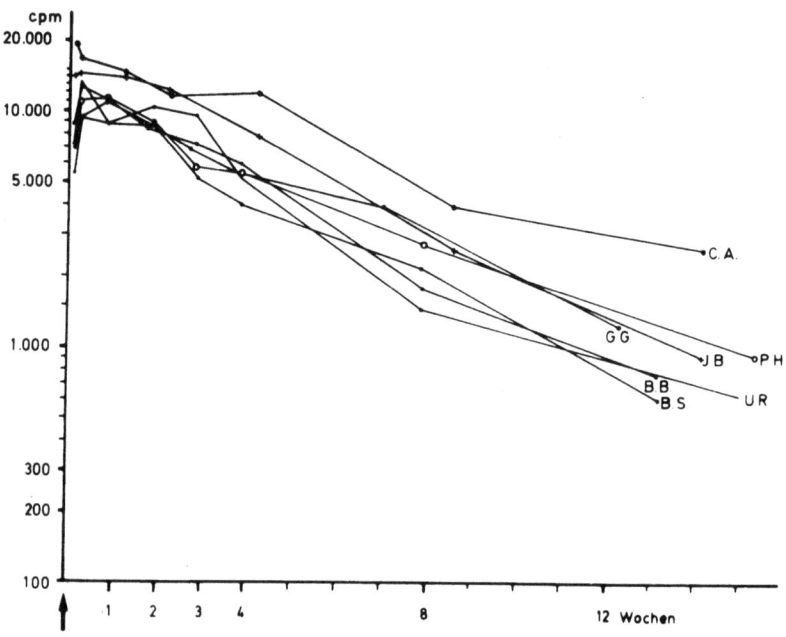

Abb. 1. Verlaufskurven der Anti-HB$_s$-Antikörperkonzentrationen nach intramuskulärer Immunglobulingabe in halblogarithmischem Maßstab

HB_s-Konzentration erfolgte mittels RIA (Ausab®), die Halbwertszeit wurde aus den individuellen Antikörperabklingkurven über eine lineare Regressionsanalyse berechnet.

Die Patienten und Probanden gaben nach entsprechender Aufklärung ihre schriftliche Zustimmung zu dieser Studie.

Ergebnisse

Die Konzentrationsverläufe des Anti-HB_s-Antikörpers im Blut der 7 Personen nach intramuskulärer passiver Immunisierung sind in Abbildung 1 als Kurvenschar dargestellt. Deren Mittelwert mit der zugehörigen Standardabweichung ist in Abbildung 2 als gestrichelte Kurve im halblogarithmischen Maßstab dargestellt. Zusätzlich ist der Kurvenverlauf der mittleren Antikörperkonzentration nach intravenöser Immunisierung aufgetragen. Dabei zeigt die Kurve nach i.v.-Applikation einen anfänglich überproportionalen Abfall, der die Überlagerung

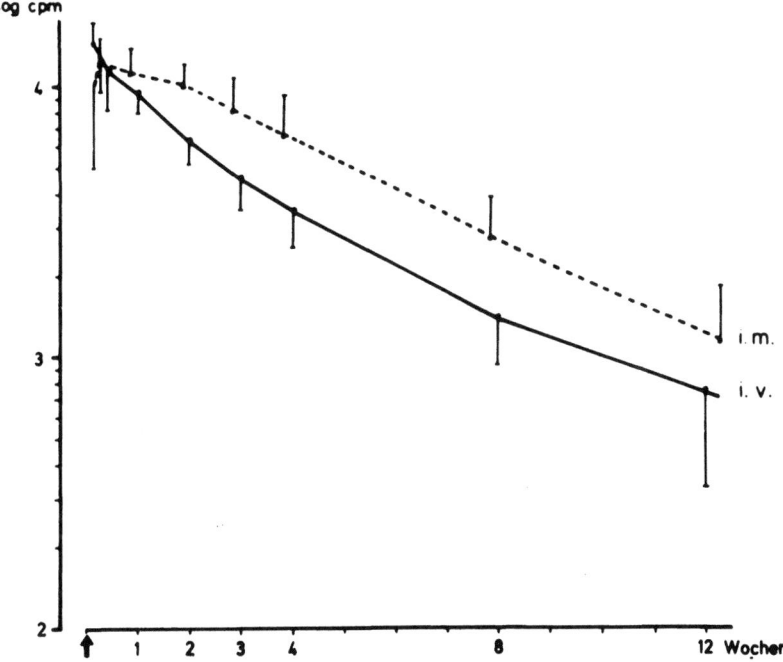

Abb. 2. Mittelwerte der Anti-HB_s-Antikörperkonzentrationen mit Standardabweichung nach intravenöser (n = 17) und intramuskulärer (n = 7) Immunglobulingabe

der Elimination durch die Verteilungsphase aus dem Intra- in den Extravasalraum widerspiegelt und nach 2 Wochen abgeschlossen ist. Der anschließende Teil der Kurve verläuft weitgehend linear und repräsentiert die reine Eliminationsphase, die allein durch den Katabolismus des IgG bestimmt ist und an der die Halbwertszeit des IgG-Präparates berechnet wurde.

Dagegen zeigt die Antikörperkonzentrationskurve nach i.m.-Applikation einen anfänglichen Anstieg bis zum 2. Tag nach Injektion, der die Anflutungsphase aus dem intramuskulären Depot darstellt, anschließend zeigt die Kurve einen mäßigen Abfall, in dem die Elimination die Invasion nur gering überwiegt, und erst nach 2 Wochen beginnt auch hier die reine Eliminationsphase, die bis zur letzten Blutkontrolle nach 3 Monaten linear verläuft.

Dabei liegen die HB_s-Antikörperkonzentrationen, gemessen in c.p.m., bei den Personen mit intramuskulärer Applikation ab 14 Tagen post inject., d.h. nach Erreichen des Verteilungsgleichgewichts, während der gesamten Eliminations- bzw. Kataboliephase, stets etwa zweifach über den Konzentrationswerten nach intravenöser Injektion. Daraus ergibt sich, da die doppelte Antikörpermenge (1.000 I.E.) intramuskulär im Vergleich zur intravenösen Gabe (500 I.E.) verabreicht wurde, daß kein wesentlicher lokaler Resorptionsverlust aufgetreten sein kann.

Tabelle 1. Kinetische Daten des applizierten IgG

$t_{1/2}$ (i.v)	$21{,}7 \pm 5{,}4$ (d)
$t_{1/2}$ (i.m.)	$24{,}1 \pm 5{,}7$ (d)
$C_{max\ (i.m.)} / C_{max\ (i.v.)}$	36%
V_d	6,39 (l)
k_e	0,032 (d^{-1})
Cl_{tot}	0,14 (ml/min)

Weiterhin läßt sich unter Berücksichtigung der doppelten intramuskulären Antikörperdosis aus den Maximalspiegeln, die nach 2 Stunden bei i.v.-Gabe und nach 2 Tagen bei i.m.-Gabe gemessen wurden, errechnen, daß durch intramuskuläre Applikation nur 36% des intravenösen Maximalspiegels erreicht werden. Aus dem Neigungswinkel der Eliminationskurven konnte für das intravenös applizierte IgG-Präparat eine mittlere Plasmahalbwertszeit von $21{,}7 \pm 5{,}4$ Tagen und für das i.m.-Präparat von $24{,}1 \pm 5{,}7$ Tagen errechnet werden, wobei zwischen diesen Halbwertszeiten kein signifikanter Unterschied ist (Wilcoxon-Test). Ebenso unterscheiden sich die mittleren Halbwertszeiten der Gruppe der Dialysepatienten nicht signifikant von denen der gesunden Probanden.

Aus der Extrapolation der Eliminationskurve des i.v.-Präparates auf die Antikörperkonzentration zum Zeitpunkt t_0 wurde der Verteilungsraum V_d für IgG mit 6,39 l berechnet und mit Hilfe der aus der Halbwertszeit ermittelten Eliminationskonstanten k_e

$$k_e = \frac{\ln 2}{t_{1/2}}$$

kann über den Verteilungsraum nach

$$Cl_{tot} = k_e \cdot V_d$$

die totale Clearance für IgG mit 0,14 ml/min. errechnet werden.

Diskussion

Als ein wesentlicher Nachteil nach intramuskulärer IgG-Applikation wird immer wieder ein Resorptionsverlust angeführt; bei der vergleichenden Antikörperspiegelmessung nach i.v.- und i.m.-Gabe konnten wir einen solchen Verlust hier nicht feststellen, wofür möglicherweise die im Vergleich zur Substitution bei primärer Agammaglobulinämie hier applizierte niedrige Dosis von 5 ml i.m. mitentscheidend ist. Auch in den Untersuchungen von Barandun et al [2] mit Jod_{131}-markiertem IgG konnte ein solcher Resorptionsverlust nicht gefunden werden. Weiterhin decken sich deren Ergebnisse über die maximalen Blutspiegel nach i.m.-Gabe (30%) gut mit den hier gemessenen 36% im Vergleich zur intravenösen Gabe. Auch die Bestimmung des Verteilungsraumes für IgG liegt mit 6,39 l in der für Jod-markiertes Standard-IgG beschriebenen Größe von 4–7 l [5]. Im Gegensatz zu der beschriebenen Verkürzung der Halbwertszeit für β-propiolacton-behandeltes IgG auf 15 Tage [2] liegen die von uns bestimmten Halbwertszeiten sowohl für das intramuskulär applizierte Standard-IgG wie auch für das β-propiolacton-behandelte intravenös applizierte IgG mit 24 bzw. 22 Tagen im Bereich der Norm für IgG mit 21 bzw. 22 Tagen [6; 2].

Als entscheidenden Vorteil des intravenös applizierbaren Anti-HB_s-Hyperimmunglobulins gegenüber dem i.m.-Präparat kann somit der wesentlich raschere und höhere Antikörpertiteranstieg bei normaler Halbwertszeit festgestellt werden, was für die Hepatitisprophylaxe nach Inokulation von HB_s-Ag-haltigem Material von großer Bedeutung ist.

Literatur

1. Spielberg HL, Weigle WO (1965) The catabolism of homologous and heterologous 7 S gamma globulin fragments. J exp Med 121: 323
2. Barandun S, Skvaril F, Morell A (1976) Prophylaxe und Therapie mit γ-Globulin. Schweiz med Wschr 106: 533

3. Waldmann TA, Strober W (1969) Metabolism of immunglobulins. Progr Allergy 13: 1
4. Glöckner WM, Sieberth HG (1982) Prophylaktische Wirksamkeit und Halbwertszeit eines intravenös applizierbaren Anti-HB$_s$-Hyperimmunglobulins. In: Blutkomponenten und Plasmaersatzmittel (Hrg Kalden JR und Koenig UD) Springer-Verlag Berlin, Heidelberg, New York, p 125
5. Koblet H, Barandun S, Diggelmann (1967) Turnover of Standard-Gammaglobulin, pH-4-Gammaglobulin and Pepsin Desaggregated Gammaglobulins and Clinical Implications. Vox Sang 13: 93
6. Wells JV, Fudenberg HH (1971) Metabolism of radio-iodinated IgG in patients with abnormal serum IgG levels. Clin exp Immunol 9: 761

Gastrointestinale Resektionen: Indikation für die Serumkonserve

Eine Multicenterstudie

M. Probst

Wenn es um Serum- oder Immunglobulinpräparationen geht, dann ist zu allererst die Indikation für den Einsatz entscheidend [1–3]. Daneben steht das bekannte Problem des klinischen Nachweises der Wirksamkeit von Immunglobulinen oder Immunglobulinpräparaten in der operativen Medizin. In der Chirurgie ist die Vorstellung bestechend, bei einem Patienten – einem Risikopatienten zumal – wie auch bei einem Risikoeingriff durch die Gabe eines Medikamentes einen sekundären Immunmangel ausgleichen zu können.

Unter diesen Prämissen wurde eine Multicenterstudie geplant und durchgeführt mit dem Ziel, in einer randomisierten kontrollierten Studie die Wirkung der Serumkonserve Biseko® zur Infektabwehr bei Risikopatienten und -operationen zu untersuchen.

Die Studie dauerte 19 Monate (Dezember 1981 bis Juni 1983); beteiligt waren 26 Kliniken in ganz Deutschland[1]. Die Randomisierung erfolgte in 20er Blöcken, die Blöcke wurden den Kliniken einzeln zugeteilt. Eine Randomisierung hat den Vorteil, daß die Studie insgesamt auszuwerten ist, daneben aber auch die 20er Blöcke für jede Klinik einzeln beurteilt werden können.

Die Studie erstreckte sich auf 4 Indikationen: Colonresektionen, Rektumresektionen, Resektionen des Magens und Dünndarms sowie Tumornephrektomien. Die letzte Gruppe, in der nur insgesamt 15 Patienten zur Auswertung kamen, wird bei der weiteren Betrachtung nicht berücksichtigt. Die Einschlußkriterien waren so gewählt, daß Patienten mit extremem Risiko für eine Infektion ausgeschlossen waren, um eine einigermaßen vergleichbare Gruppierung zu erhalten. Wie Tabelle 1 zeigt, waren die Risikofaktoren mit einem Punktesystem bewertet, wobei mehr als 5 Punkte nach dieser Tabelle zum Ausschluß aus der Studie führten.

---

[1] Für die Randomisierung und für die Auswertung des Zahlenmaterials ist das Institut für numerische Statistik, Köln, unter Leitung von Herrn Dr. Haase verantwortlich.

Tabelle 1. Faktoren für ein zusätzliches Infektionsrisiko

– Splenektomiert	2
– Adipositas (20% mehr n. Broca)	1
– Untergewicht (20% weniger n. Broca)	1
– Diabetes (nur insulinpflichtiger)	1
– Alter 65 Jahre	1
75 Jahre	2
– Oedeme	1
– Imunsuppressive Therapie	
kurzfristig	1
langdauernd	2
(Kortikoide, Bestrahlung, Cytostatika)	
– Lange Verweildauer von Kathetern (2 Wochen od. mehr)	
a) Blase	2
b) Vene	1
– Arterielle Verschlußkrankheit	
a) cerebral + koronar	2
b) peripher	1
– Chronische Emphysembronchitis	
(pO_2 < 60 Torr; pCO_2 > 45 Torr)	2

Weitere Ausschlußkriterien waren der moribunde und der polytraumatisierte Patient sowie die Applikation von Immunglobulinen oder Serumkonserven anderer Provenienz.

Die Dosis der Serumkonserve betrug 3000 ml. Das entspricht einer Dosierung von 40 ml/kg Körpergewicht für einen durchschnittlichen 75 kg schweren Patienten. Die Gesamtmenge an Eiweiß betrug 96 g Albumin und 54 g Globulin. Die Applikationen erfolgen nach dem Schema in Tabelle 2.

Tabelle 2. Schema (auf 3000 ml bezogen) für Applikationszeitpunkte

	Dosis (ml)	alternativ
1. Praeoperativer Tag	500	1000
2. Intraoperativ	500	—
3. Direkt postoperativ	1000	1000
4. Nach 24 h	1000	1000

Was den Chirurgen besonders interessiert: Die Verträglichkeit des Volumens war ausgezeichnet, Komplikationen wurden nicht berichtet, allergische Reaktionen nicht beobachtet.

Die Gesamtzahl der eingegangenen Datenbögen war 568. Nach einer Vorsortierung waren insgesamt 378 Bögen auswertbar – ein Problem, das wohl allen Multicenterstudien anhaftet.

Die Verteilung der Fälle ist Tabelle 3 zu entnehmen, wobei die Unterscheidung immer mit oder ohne Serumkonserve bedeutet.

Tabelle 3. Fallzahlen

Indikation	total	Serumkonserve +	−
Rektumresektion	116	57	59
Colonresektion	150	82	68
Gastrointestinale Resektionen	97	45	52
Tumornephrektomie	15		

Die Gruppen sind hinsichtlich Alter, Geschlecht, Größe, Gewicht usw. nach Mittelwerten oder Medianen vergleichbar. Das gleiche gilt hinsichtlich Operationstypen, intraoperativen Blutverlusten u. a. Die Auswertung der Parameter: Körpertemperatur, Blutdruck, Laborwerte, zeigt keinerlei relevante Unterschiede zwischen Behandlungs- und Kontrollgruppe. Lediglich im Gesamteiweiß liegt die Behandlungsgruppe naturgemäß höher; der Unterschied ist jedoch nicht signifikant.

Zur Erfassung der Zielgröße, der Infektionshäufigkeit, wurde folgendes als Infektionszeichen festgelegt: Peritonitis, Wundinfektion, Pneumonie, Harnwegsinfektion, Fieber über 38,5°C über 2 Tage sowie postoperative Antibiotikatherapie, wobei die einzelnen Punkte sich gegenseitig ausschlossen.

Tabelle 4 zeigt das Ergebnis der Studie. Demnach ist die Infektionshäufigkeit in beiden Gruppen ungefähr gleich.

Tabelle 4. Rate der postoperativen Infektionszeichen

	Rektum		Colon		Gastroint. Resektion	
	N = 57	N = 59	N = 82	N = 68	N = 45	N = 52
Serumkonserve	+	−	+	−	+	−
Patienten mit Infektionszeichen	18	17	30	35	13	19
in %	31,6	28,8	36,6	51,5	28,9	36,5

	Serumkonserve +	−
Letalität (n = 568)	5,5%	5,6%

Bei der Prüfung des Unterschiedes zwischen den Gruppen im FISCHER-EXAKTEN Test fand sich nur in der Gruppe der Colonresektionen eine Signifikanz (5% Niveau).

Wie bereits angedeutet hat auch diese Studie die bekannten Probleme und Schwierigkeiten einer jeden Multicenterstudie mit sich gebracht. Waren von den 568 Fallberichten nur 378 auswertbar (66,5%), so waren auch in diesen oftmals Dokumentationsmängel zu erkennen, die eine vergleichende exakte Auswertung erschwerten.

Es sollen daher im folgenden die eigenen Ergebnisse (Nordwestkrankenhaus, Frankfurt) dargestellt werden.

In unserer Klinik sind insgesamt 65 Patienten untersucht worden, wobei wir uns auf Colon- und Rektumresektionen beschränkt haben. 3 Patienten sind verstorben; ausgewertet wurde wegen der geringen Zahl der Rektumresektionen (n = 9) nur die Gruppe der Colonresektionen mit 53 Patienten (dabei wurde die rechtzeitige Hemicolektomie als wenig infektionsgefährdeter Eingriff ausgeschlossen). Tabelle 5 zeigt die Ergebnisse: Einer Infektionsrate von 20,7% in der Behandlungsgruppe steht eine Rate von 37,5% in der Kontrollgruppe gegenüber.

Tabelle 5. Postoperative Infektionszeichen nach Colonresektionen (Daten aus dem Nordwestkrankenhaus, Frankfurt/Main)

		+	−
Serumkonserve	n	29	24
Infektionszeichen	n	6	9
	%	20,7	37,5
Wundinfekte	n	4	6
	%	13,7	25,0
Pneumonie	n	2	1
	%	6,9	4,2
Harnwegsinfekte	n	−	−
	%	−	−

Die Pneumonierate zeigt keine signifikanten Unterschiede: Harnwegsinfektionen sind hier nicht beobachtet worden, zumindest keine klinisch relevanten.

Es ist nach diesem Ergebnis, das aufgrund des Fehlers der kleinen Zahl nicht signifikant ist, doch der Trend zu erkennen, daß die Therapie mit Serumkonserven eine Minderung der postoperativen infektiösen Komplikationen – insbesondere bei Wundinfektionen – bringen kann.

Es sollte abschließend betont werden, daß es sich hierbei um eine adjuvante Therapie handelt und daß die korrekte und sorgfältige Arbeit des Chirurgen damit in keiner Weise ersetzt werden kann, auch nicht teilweise. Auch darin liegt, und das ist bei Durchsicht der Bögen zu erkennen, ein Problem beim Vergleich verschiedener Kliniken.

Literatur

1. Bauer HW et al 1980, Über die Bedeutung der postoperativen Zufuhr von Plasmaproteinen. Infusionstherapie Bd. 7, Nr. 6, 301
2. Duswald KH et al 1980, Wirksamkeit von i.v. Gammaglobulin gegen bakterielle Infektionen chirurgischer Patienten MMW 22: 832
3. Probst M, Fabian W, 1980, Die Frühtherapie mit Immunglobulinen nach großen abdominal-chirurgischen Eingriffen. Eine prospektive randomisierte Studie. Langenbecks Arch. Chir. 351: 85

Mechanismen der Infektabwehr in der Lunge

Bedeutung der Antikörper

H. G. Manke

Einleitung

Erkrankungen der Atemwege stellten nach den Statistiken der pflichtversichernden Krankenkassen 1981 nahezu ein Drittel aller Arbeitsunfähigkeitsfälle (nämlich über 3 Millionen). Der überwiegende Anteil von ihnen ist auf akute Infektionen des Respirationstraktes mit Bakterien und Viren zurückzuführen. Damit liegen die Infektionskrankheiten der Atemwege an erster Stelle aller Erkrankungen überhaupt. Sie betragen ein Mehrfaches der Erkrankungen des Gastrointestinaltraktes oder des Herz-Kreislauf-Systems [1].

Die Lunge verfügt über ein sehr differenziertes, vielschichtiges Abwehrsystem, das sehr effektiv ist, so daß die normale Lunge in ihrer Peripherie steril ist.

Diese Systeme der Infektabwehr, die ineinandergreifend und kooperativ reagieren können, bestehen in:

1. einer *aerodynamischen Filtration,* die überwiegend auf mechanische Komponenten zurückgreift, wie die anatomischen Schranken von Pharynx, Larynx und Kehlkopf, die Aufzweigungen des Bronchialbaumes und der Mechanismus der bronchialen Konstriktion, z.B. beim Husten und Niesen [2].
2. dem *mucociliären System,* das aus dem ciliären, unidirektional transportierenden System und einem aus vielfältigen flüssigen und gelförmigen gelösten Komponenten bestehenden System, dem Mucus besteht. Vor allem mit dem letzten werden wir uns besonders befassen.
3. dem *zellulären Abwehrsystem,* das sich aus dem phagozytären Apparat der Alveolarmakrophagen, den aus der Zirkulation stammenden Monozyten und Makrophagen und den polymorphkernigen, neutrophilen Leukozyten sowie zytotoxischen Abwehrzellen (T-Lymphozyten, „Natural-Killer" Zellen, K-Zellen und Null-Zellen) zusammensetzt.

a) Aerodynamische Filtration

Die aerodynamische Filtration und das mucociliäre Sytem sorgen im oberen Respirationstrakt für eine sehr effektive Partikelelimination. Partikel zwischen

0,5 und 3 Mikrometer entkommen diesen Filtrationsmechanismen und gelangen über die Trachea, die Bronchien und Bronchiolen in die peripheren Anteile der Lunge, – die Alveolen. Die Lunge verfügt jedoch auch hier über gut greifende Mechanismen der Abwehr von Erregern (Bakterien und Viren) und Partikeln. Der phagozytäre Apparat in den terminalen Luftwegen, der sich aus Alveolarmakrophagen, Monozyten und Makrophagen sowie aus polymorphkernigen Leukozyten zusammensetzt, scheint zusammen mit Antikörpern der Immunglobin G-Subklassen (vor allem IgG 2 und IgG 4) für eine effektive Infektabwehr zu sorgen.

b) Das ciliäre System

Das Zylinderepithel von Trachea, Bronchien und Bronchiolen ist dicht mit Cilien besetzt. Es finden sich etwa 270 Cilien pro Zylinderzelle. Die Cilien sorgen mit einer Frequenz von 10 bis 14 Schlägen/sec. [3, 4] dafür, daß sich ein ständiger Flüssigkeitsstrom mit einer Geschwindigkeit von 1 cm/min. über die Bronchien und die Trachea zum Larynx hin bewegt. Die Wirksamkeit der Cilien hängt vor allem von den Flußeigenschaften des Bronchialschleimes und der Zahl der Cilien, der von Cilien gedeckten Fläche, von Frequenz und Amplitude des Cilienschlages ab. Voraussetzung für die Funktion ist die anatomische Integrität der Cilien. Ihre motile Einheit, das Axonem, besteht aus neun doppelt angelegten Mikrotubuli, die im Kreis um 2 zentrale Mikrotubuli stehen. Jede der neun Doubletten hat 2 Reihen von Seitenarmen (Dyneinarme) und einen langen radialen Auswuchs (radiale „Spokes"), der nach der Mitte gerichtet und in der äußeren Schicht der beiden zentralen Mikrotubuli verankert ist [5]. Die beiden zentralen Mikrotubuli sind ebenfalls durch rippenähnliche Komponenten untereinander verbunden.

Neben den *angeborenen Defekten* der Cilien (Mangel an Dynein, Defekte der radialen Sporenbildung [49, 50], Verlust von äußeren oder zentralen Mikrotubuli oder Transposition oder Zugewinnung von Mikrotubuli [6, 51–53]) sind *erworbene Defekte* von Funktion und Organisation des Axonems in den Cilien bekanntgeworden.

Die *erworbenen Beeinträchtigungen der Cilienfunktion,* die sich bei funktionellen Defekten beispielsweise in einer sog. „random orientation" [53], also in einem unorientierten, richtungslosen Schlagen der Cilien äußert, findet sich bei Patienten mit chronischer Bronchitis [7], Bronchialcarcinom und bei Asthma [8], sowie tierexperimentell unter carcinogenen Noxen oder bei hoher O_2-Spannung (über 50%). Eine ähnliche Störung findet sich bei Asthmatikern nach Antigenprovokation [7, 8] und nur sehr mäßiggradig ausgeprägt beim symptomlosen Asthma und bei Patienten mit Alpha$_1$-Antitrypsinmangel ohne chronische Bronchitis [7]. Eine der möglichen Ursachen für diese funktionelle Störung könnte die seit kurzem bekannte Freisetzung der „slow reacting substance of anaphylaxis" (SRS-A) aus Mastzellen sein, die die Cilienfunktion hemmt [8]. Sie wird bei Antigenexposition in den Lungen von Asthmatikern freigesetzt. Therapeutisch ist sie durch Antagonisten von SRS-A aufhebbar [8]. Betaadrenerge Substanzen stimulieren die Cilienfunktion.

An *erworbenen Defekten des Cilienaufbaus* [54, 58] sind Verschmelzungen der Cilien („compound cilia") [53] und Fehlen der zentralen Mikrotubuli bei Patienten mit chronischer Bronchitis, mit Asthma [57] und Bronchialcarcinom [55] sowie tierexperimentell unter hochgespannter O_2-Beatmung und carcinogenen Noxen gefunden worden [55, 58], Defekte der Organisation des Axonems, z. B. Fehlen von Tubuli oder zusätzliche äußere mikrotubuläre Doubletten [52], (z. B. bei Patienten mit KARTHAGENER-Syndrom), fehlende zentrale Mikrotubuli, Verkürzung oder Mangel der äußeren Dyneinarme, Abwesenheit der radialen Spokes [6] sowie das Versenken von Cilien und Veränderungen der Cilienbasis (sog. „ciliar necklace") bekannt geworden [9].

Insgesamt sind funktionelle oder strukturelle Defekte von Cilien, auch wenn sie angeboren sind, durchaus mit dem Leben vereinbar. Sie erhöhen jedoch die Häufigkeit von Infektionen des Bronchialsystems.

c) Der Mucus

Den Epithelien der Trachea, der Bronchien und der Bronchiolen liegt eine mucöse Flüssigkeitsschicht auf, die zusammen mit den epithelialen Cilien-tragenden Zellen die sog. *Mucosa-Barriere* darstellt.

Es handelt sich beim Mucus um ein mehrschichtiges polymeres Gel, das von Becherzellen in den Epithelien und von serösen und mucösen Drüsen in der Submucosa synthetisiert wird. Es liegt der Bronchialschleimhaut in zwei Schichten auf, von denen die *innere,* mehr *seröse* und damit *flüssigere* Schicht jenes Kompartiment darstellt, in dem die Cilien schlagen. Die *äußere* Schicht ist mehr mucös-gelatinös und scheint in ihrer Gleitfähigkeit sehr von einer Phosphorlipidschicht (surfactant) abzuhängen, die in der Interphase zwischen der flüssigen und der mehr gelatinösen Schicht den Mucus emulgiert und damit eine gleitfähige Phase schafft [65].

Aufgabe der Mucosa-Barriere ist es, die Haftung von Bakterien an epithelialen Zellen zu verhindern und damit die Ausbildung von Bakterienkolonien auf den Epithelzellen zu vermeiden. Bakterizide Eigenschaften werden vor allem sauren Komponenten des Mucus, sauren Glykoproteinen, die mehr Sialsäure und Sulfate als die neutralen enthalten, zugeordnet [12]. Bakterien und Viren, sowie inhalierte Antigene, können durch im Mucus enthaltene Antikörper so besetzt werden, daß beispielsweise die Haftung von Bakterien an den Epithelien und die

Bindung von Viren an Membranrezeptoren auf der Oberfläche der Epithelzellen weitgehend verhindert werden kann.

Neben sauren und neutralen Glykoproteinen enthält der Mucus sekretorisches IgA (als dimeres Molekül), IgG, IgE, Transferrin und Complementfaktoren [10] sowohl des klassischen wie des alternierenden (Properdin) Aktivierungsweges [70].

Von besonderer Bedeutung im zentralen Bronchialsystem (Trachea, Hauptbronchien, Bronchien und Bronchiolen) sind die *Immunglobuline der IgA-Klasse*. Später wird noch ausführlicher auf diese Immunglobulin-Klasse eingegangen werden.

Die rheologischen Eigenschaften des Mucus – seine Fließeigenschaften – hängen von der Zusammensetzung seiner Glykoproteine [11], ihrer jeweiligen chemischen Struktur, sowie von ihrem Polymerisationsgrad und Elektrolytgehalt ab [12]. Der Gehalt des Mucus an Lysozymen und Glykoproteinen wird u. a. von Peptiden geregelt [13].

Fehlerhafte Zusammensetzung des Mucus mit Erhöhung der Polyanionen und damit der sauren Komponenten, wie sie beispielsweise bei der cystischen Fibrose auftreten, führen zur Mucus-Verdickung und damit zu einer Verlangsamung des mucociliaren Transportes [14]. Dies hat auch eine Verlangsamung der Partikelelimination und multiple Verschlüsse der kleinen Bronchien durch Mucus-Pfropfen zur Folge. Diese Obstruktion des Bronchialsystems führt zu einer Häufung von Infektionen.

d) Antikörper im Bronchialschleim

Immunglobuline des Isotyps A werden von Lymphozyten (Plasmazellen) synthetisiert. Diese Zellen finden sich subepithelial in der Lamina propria der Bronchialschleimhaut. Nach Synthese des IgA-Antikörpers bedarf es eines komplizierten Transportvorganges quer durch die Epithelien, damit diese Antikörper auch im Bronchialschleim erscheinen können. Darüberhinaus bedarf es nach Eindringen des Antigens komplizierter Induktions- und Zellwanderungsvorgänge, damit antikörperbildende IgA-Plasmazellen in die Bronchialschleimhaut gelangen.

In der Bronchialschleimhaut finden sich inselförmige Einsprengungen von lymphoretikulärem Gewebe, sog. BALT (bronchial associated lymphoreticular tissue) [15, 16]. In diesem kommt das lymphoretikuläre Gewebe in Kontakt mit Antigenen, die von außen in den Bronchialraum gelangen. Die BALT-Inseln enthalten neben besonders spezialisierten epithelialen Zellen, die wichtig für die Antigen-Präsentation sind, B-Vorläuferlymphozyten und regulatorisch tätige T-Zellen. Dies scheint auch der Ort zu sein, an dem die Lymphozyten-antigensensitiv werden und an dem sie sich teilend zu weiterer Differenzierung induziert werden [64].

Bei diesen Mitosen kommt es zu DNA-Deletionen und Umschichtungen der DNA, in deren Folge jene DNA-Segmente, die für die konstanten Regionen der Alphakette kodieren, an jene gekoppelt werden, die für die Antigen-Bindungsstelle kodieren.

Der so vorgeprägte B-Lymphozyt wandert über die lymphatischen Gefäße und den Ductus thoracicus ins Blut und kehrt über die Milz nach einiger Zeit in die Submucosa der Bronchialschleimhaut zurück [17].

Die Signale, die zu diesem Heimfinden („homing") führen, sind unbekannt, jedoch weiß man, daß es hier in der Submucosa zur endgültigen Ausdifferenzierung der IgA-B-Lymphozyten zu Plasmazellen kommt, die IgA sekretieren [64].

Transport von IgA_2

Obwohl beide Immunglobuline der IgA-Klasse, IgA_1 und IgA_2 [18, 19, 20], submucös gebildet werden, kann nur das IgA_2 durch die sog. J-Kette [21] zu einem Dimer gekoppelt werden. Und nur dieses, aufgrund seiner Struktur besonders Proteasen-beständige IgA_2-Dimer wird von eigenen Transportmechanismen durch die Epithelien in das Bronchiallumen geschleust [39, 40, 41].

Dieser Transport ist eine Leistung der Epithelien, die eine *sekretorische Proteinkomponente,* die „secretory component", synthetisieren und in ihrer Membran bereitstellen. An diese kann das IgA_2-Dimer binden. Es wird daraufhin endocytiert, quer durch die Epithelzelle in Vesikeln transportiert und auf der Oberfläche der Epithelzelle nach enzymatischer Abspaltung von der sekretorischen Komponente an das Bronchiallumen abgegeben.

Eigenschaften und biologische Aufgaben des IgA

Auf den Schleimhäuten und in den Exkreten überwiegt von den Immunglobulin-A-Klassen weitaus die Subklasse A_2. Hingegen findet sich im Serum zu etwa 80% IgA_1 und nur zu 20% IgA_2.

Wie oben bereits beschrieben ist das sekretierte IgA_2-Dimer besonders stabil gegen die Spaltung durch die IgA-Proteinasen. Diese von Bakterien synthetisierten Enzyme sind darauf spezialisiert die Subklasse IgA_1 enzymatisch zu spalten. Es sind jedoch in letzter Zeit auch Proteinasen aus Bacteroides-Stämmen bekannt geworden, die IgA_2 spalten können.

Neben dem Verklumpen von Bakterien, wie beispielsweise von Streptokokken, besetzt IgA_2 die Membran von Bakterien so, daß diese nicht mehr an epithelischen Zellen haften können und damit Bildung von Bakterienkolonien unterbleibt.

Weiterhin führt die Besetzung von Bakterien durch IgA (Opsonierung) zu einer Aufbereitung der Bakterien in der Weise, daß diese besser von Monozyten und Makrophagen und weniger von neutrophilen Granulozyten phagozytiert werden können. Dem IgA_2 wird also eine phagozytosefördernde Wirkung unter Einschaltung ganz bestimmter Effektorzellen zugeschrieben [67]. IgA aktiviert unter biologischen Bedingungen Komplement nicht. Es blockiert sogar die Aktivierung von Komplement auf dem klassischen Wege. Es ist hierin so effektiv, daß zur Zeit hypothetisch angenommen wird, daß IgA als ein Modulator der Komplementaktivität funktioniert − sozusagen als ein antientzündliches Immunglobulin auf den Schleimhäuten [17]. Sekretorisches aggregiertes IgA scheint Komplement jedoch über den alternierenden Weg zu aktivieren [70].

Das oben beschriebene Wegfangen von Antigenen und die Blockade von Bakterien, die diese am Eindringen in die Schleimhaut hindert, scheint zumindest im gastrointestinalen Trakt von größter Bedeutung für die Unschädlichmachung und Eliminierung in den Darm eingedrungener Antigene zu sein. Polymeres IgA, IgA-Immunkomplexe, IgA-Antigenkomplexe und IgG-Idiotypen-Immunkomplexe werden in sehr großen Mengen aus dem Pfortaderblut über den hepatobiliären Transportweg aus dem Körper eliminiert [37, 38, 42].

Auch in der Lunge scheint ein Gutteil des produzierten IgA_2 für die Antigen-Elimination bereitgestellt zu werden. Hier erfolgt der Transport des an IgA gebundenen Antigens über den Schleim in den Gastrointestinaltrakt oder über das Sputum nach außen.

So hat also IgA neben dem schon lange bekannten Binden an bakterielle Antigene eine weitaus größere biologische Bedeutung, die darin besteht, daß es in großem Ausmaß das Eindringen von Antigenen in den Körper verhindert und Entzündungsvorgänge auf den Schleimhäuten zu modulieren scheint.

IgA-Mangel, das heißt ein Abfall der IgA-Serumspiegel unter 0,05 mg/ml bei normalen oder erhöhten IgG- oder IgM-Spiegeln, geht parallel mit einer Häufung allergischer Erkrankungen und mit vermehrt zirkulierenden Antikörpern beispielsweise gegen Nahrungsproteine einher. 40 bis 50% der Patienten (also keineswegs alle) haben gehäuft Infektionen des Respirationstraktes (Otitiden, Sinusitiden, Pharyngitiden, Bronchitis und Pneumonien; − auch wenn die Symptome von seiten des Respirationstraktes vor allem der Lunge nicht sehr ausgeprägt sind). Ein Drittel der Patienten haben gastrointestinale Beschwerden mit gering ausgeprägter Symptomatik, beispielsweise chronische Diarrhoen.

Es handelt sich um das häufigste Antikörper-Mangelsyndrom, das in 1:400 bis 1:2500 in der Bevölkerung europäischer Abstammung vorkommt. Es kann spontan oder familiär vererbt auftreten. Auffälligerweise haben 50% aller Patienten mit IgA-Mangel den HLA-Typ B 8 (gegenüber normalerweise 20 bis 25% in der Normalbevölkerung). In einzelnen Familien kommt der ererbte IgA-Mangel nur bei den Familienmitgliedern vor, die bestimmte Histokompatibilitätsantigene wie HLA-B 8 oder HLA-DW 3 aufweisen.

Bei dieser Art des IgA-Mangels wird anstelle von IgA das subepithelial gebildete Immunglobulin M über die sekretorischen Proteine in das Lumen befördert. IgM, das ja ähnlich wie IgA ein J-Protein hat, bindet jedoch mit deutlich niedrigerer Affinität an die sekretorische Komponente.
Kompletter Mangel der sekretorischen Komponente wurde 1976 von Strober [36] beschrieben.
Auffällig ist, daß zwar beim selektiven IgA-Mangel nur eine geringe Häufung von pulmonalen Infektionen auftritt, daß jedoch der *kombinierte Mangel von IgA und IgE* [65] von einer ausgeprägten Häufung sinobronchopulmonaler Erkrankungen begleitet ist. Dies macht eine Kooperation zwischen IgA und IgE bei der Infektabwehr wahrscheinlich.
Es ist auch eine Schleimhaut-Immunantwort bekannt, die mit einer Synthese von *IgE-Antikörpern* einhergeht [22, 23]. Die IgE-Produzenten lassen sich in der Lamina propria der Schleimhaut nachweisen [23]. Es ist unbekannt, ob eigene Mechanismen für den Transport von IgE existieren. Antikörper vom IgE-Isotyp sind nur in sehr geringen Konzentrationen bei nicht-allergischen Personen nachweisbar. Sie kommen häufig bei bestimmten Virusinfekten (respiratory syncytial virus-Infektionen) vor [24]. Dann findet man IgE auf virusinfizierten Zellen und assoziiert an freie Virusproteine im Bronchialschleim. Wahrscheinlich stellen bestimmte Antigene und Antigenkombinationen ein Stimulans besonders für die IgE-Synthese dar [25].

Die Bedeutung von Immunglobulin G (IgG) für die Abwehr in der peripheren Lunge

In der peripheren Lunge, d.h. im Bereich der Alveolarflüssigkeit, findet sich IgG in höheren Konzentrationen und Mengen als im Serum [26-30]. Diese Anfang der 70er Jahre erhobenen Befunde sind inzwischen mehrfach bei Mensch und Tier bestätigt worden [10, 31]. Es kommt in der peripheren Lunge auch in höheren Konzentrationen als im Serum vor. Aus diesem Grunde müssen ebenfalls eigene Transportmechanismen für IgG angenommen werden, wie es sie ja auch in der Plazenta und (zumindest im Tier) in den Darm- und Leberepithelien gibt und in der Tat sind von Unna Ryan an den Endothelzellen der Lungenkapillaren Fc-Rezeptoren für IgG nachgewiesen worden. Diese sind unter Normalbedingungen verdeckt und scheinen bei entzündlichen Vorgängen auf der Oberfläche der Endothelzellen präsent zu sein.
Die Bedeutung der einzelnen IgG-Subklassen für die Abwehr in der peripheren Lunge zeichnet sich eben erst ab, vieles ist noch unklar, da Untersuchungen über die Subklassenzusammensetzungen im Alveolarsekret nicht vorliegen.
Gehäufte pulmonale Infektionen, vor allem Pneumonien bei isoliertem IgG_2-Mangel [31, 32] und bei IgG_4-Mangel [33], wie auch bei kombiniertem IgG_2-/

IgG$_4$-Mangel [34] und beim IgG$_2$-IgA-Mangel [66] weisen auf die besondere Bedeutung dieser IgG-Subklassen in der Abwehr von Infektionen der peripheren Lunge hin. Jede dieser IgG-Subklassen entsteht bevorzugt unter dem Einfluß bestimmter Antigene. So induzieren Polysaccharid-Antigene der Pneumokokken Lymphozyten, die sich in IgG$_2$-Produzenten differenzieren, während Teichoin-Säure die Streptokokkenantikörperproduktion der IgG-Subklasse 2 und 4 induziert.
Antikörper der IgG-Klasse fördern die Phagozytose durch Monozyten, Makrophagen und Alveolarmakrophagen [67], da diese auf ihrer Zellmembran einen Fc-Rezeptor für diese Immunglobulinklasse und Complementrezeptoren (für C'3b) besitzen. Die Fähigkeit der einzelnen IgG-Subklassen an Monozyten zu binden ist unterschiedlich [71], so finden sich nur Fc-Rezeptoren für IgG 1 und IgG 3 auf Monozyten und nur solche für IgG 4 und IgG 1 auf menschlichen Alveolarmakrophagen [72].
Von Ryan [35] wurden Fc-Rezeptoren für IgG auf Endothelzellmembranen der Lungenkapillaren beschrieben. Es ist zur Zeit unklar, ob diese bevorzugt einzelne IgG-Subklassen transportieren können. Falls dies zutrifft, böte sich hier eine Erklärung für den höheren IgG-Gehalt der Alveolarflüssigkeit. Vom Mechanismus des IgG-Transportes her sind solche Phänomene bereits für die Plazenta beim Menschen und für die Darmepithelien bei der Ratte bekannt. Einer unserer Patienten wies bei normalen IgG-Werten im peripheren Blut ein komplettes Fehlen der IgG$_2$-/IgG$_3$- und IgG$_4$-Subklassen in der Alveolarflüssigkeit auf. Nur IgG$_1$ war vorhanden. Klinisch bot dieser 38jährige Grieche seit acht Jahren eine schwere deformierende Bronchitis mit beginnender Bronchiektasenbildung [68].

Immunglobulin M

Gewöhnlich enthalten die Sekretionen des unteren Respirationstraktes bei Normalpersonen keine nachweisbaren Mengen von IgM. Bei akuten Entzündungen wird IgM jedoch in die terminalen Bronchiolen und in die Alveolen transferiert und steht dort für die Agglutination von Bakterien und nach Aktivierung von Komplement, auch für die Bakteriolyse zur Verfügung. IgM fördert nicht die Phagozytose, auch haben alveolare Makrophagen keine Fc-Rezeptoren für IgM.

Komplementmangelzustände

Bei erworbenem Mangel an Komplement der Komponente C3 finden sich gehäuft Infektionen mit Streptokokken, Pneumokokken, Hämophilus, Neisseria und Staphylokokken in der Lunge [59, 62, 63].

Ähnliche Infektionen durch Streptokokken und gramnegative Bakterien sowie Candida-Infektionen sind bei C5-Defizienzen und bei C2-Mangel [60, 61] bekannt.
Fehlen die erstgenannten Komplementkomponenten, so ist die nach der Antikörperbindung erfolgende Opsonierung der Erreger gestört. Dies führt zu schlechterer und zeitlich verzögerter Adhäsion an Phagozyten und damit zu einer nur unvollständigen Phagozytose.

Therapie von Abwehrdefekten in der Lunge

Die heutige Prophylaxe und Therapie bei Minderungen der Abwehr in der Lunge [43] ist ganz überwiegend eine Therapie der Antibiotika und bei entsprechender Indikation der Immunglobuline [44]. Dank der Entwicklung in den letzten beiden Jahrzehnten werden heute hauptsächlich intravenös einzusetzende Immunglobine gegeben [45]. Diese enthalten überwiegend IgG und nur in Spuren IgA und IgM. Die IgG-Subklassen sind in den nicht über Enzymspaltung gewonnenen Präparaten im allgemeinen erhalten [46]. Gelegentlich ist IgG_3 reduziert oder fehlt ganz. Die Fc-Anteile der IgG, die die Aktivierung von Komplement und die Bindung an Rezeptoren auf Phagozyten vermitteln, sind ebenfalls in den nicht über Enzymspaltung gewonnenen Präparaten vorhanden. Unklar und bisher nicht untersucht ist, ob diese IgG-Präparationen Transportmechanismen in den Bronchialepithelien und Alveolen benutzen und ob bestimmte IgG-Subklassen bevorzugt im Bronchiallumen auftreten. Vieles spricht für das erstere: Einmal wurde IgG in der Alveolarflüssigkeit in höheren Konzentrationen als im Serum gefunden [10], zum anderen finden sich auch auf den Kapillarendothelien der Lunge Fc-Rezeptoren für IgG.
Zum dritten ist der klinische Wert der Gabe solcher Immunglobulin-Präparate am eindeutigsten bei prophylaktischer Gabe an Patienten mit Agammaglobulinämie oder Hypogammaglobulinämie [68] und an Patienten unter Chemotherapie erwiesen [47, 48].
Auch lassen sich bei Patienten mit isolierten IgG_2- oder IgG_4-Mangel oder mit kombinierten IgG_2-/IgG_4-Mangel eine deutliche Reduktion der peripheren pulmonalen Infektionen erzielen. Damit scheinen sich in der Lunge neue Indikationen für die Behandlung mit Immunglobulinpräparaten abzuzeichnen.
Bei den chronischen Bronchitiden, die zu deformierender Bronchitis oder zu Bronchiektasen führen und die Patienten über Jahrzehnte begleiten können, ist noch unklar, ob hier Defekte des IgA- und des IgG-Systems eine größere Rolle spielen. Entsprechende Untersuchungen stehen noch aus. Neben der Unfähigkeit die entsprechenden Immunglobulinklassen zu bilden, steht auch die Möglichkeit offen, daß gestörte Induktionsvorgänge zu einem Mangel an Immunglobulin führt, der selektiv gegen bestimmte Antigene gerichtet ist oder, daß

Effekte im „homing" der IgA-Produzenten oder Defekte der Transportvorgänge, wie sie auch das Rauchen zu induzieren scheint, von größerer Bedeutung sind.

Literatur

1. Statistik der Ortskrankenkassen 1981. Bonn 1983 (Bundesverband der Ortskrankenkassen 5300 Bonn 2, Postfach 200844)
2. Brain JD (1980) In: Fishman (Ed.): Pulmonary Diseases and Disorders. New York, pp. 633–639
3. Dulfano MJ, Luk ChK, Beckage M, Wooten O, (1981) Am Rev Respir Dis 123: 139–140
4. Rutland J, Griffin WM, Cole PJ (1982) Am Rev Respir Dis 125: 100–105
5. Sturgess JM, Chao J, Turner JAP (1980) N Engl J Med 303: 318–322
6. Sturgess JM, Chao J, Wong J, Aspin N, Turner JAP (1979) N Engl J Med 300: 53–56
7. Corkey CWB, Levison H, Turner JAP (1981) Am Rev Respir Dis 124: 544–548
8. Ahmed T, Greenblatt DW, Birch S, Marchette B, Wanner A (1981) Am Rev Respir Dis 124: 110–114
9. Rossmann CM, Forrest JB, Lee RMKW (1980) Chest 78: 580–582
10. Bell DY, Hasemann JA, Spock A, McLennan G, Hook GER (1981) Am Rev Respir Dis 124: 72–79
11. Brown DT, Marriott Ch, Beeson MF, Barrett-Bee K (1981) Am Rev Respir Dis 124: 285–291
12. Green GM, Jakob GJ, Low RB, Davis GS (1977) Am Rev Respir Dis 115: 479–514
13. Coles SJ, Said SJ, Reid LM (1981) Am Rev Respir Dis 124: 531–536
14. Brown DT, Marriott Ch, Beeson MF, Barrett-Bee K (1981) Am Rev Respir Dis 124: 285–291
15. Bienenstock J, Johnston N, Perey DYE (1973) Lab Invest 28: 693–698
16. Rácz P, Tenner-Rácz K, Myrvik QN, Fainter LK (1977) J Reticuloendothel Soc 22: 59–83
17. McGhee JR, Mestecky J (Eds) (1983) The Secretory Immune System Ann Ny Acad Sci 409
18. Kunkel HG Prendergast RA (1983): Proc Soc Exp Biol Med 122: 910–913
19. Vaerman JP, Heremans JF (1966) Science 153: 647–649
20. Feinstein D, Franklin EC (1966) Nature 212: 1496–1498
21. Wilde CE, Koshland ME (1973) Biochemistry 12: 3218–3224
22. Waksman BH, Ozer H (1976) Progr in Allergy 21: 1–113
23. Ishizaka K, Ishizaka T (1978) Immunol Rev 41: 109–148
24. Welliver RC, Ogra PL (1983) Ann Ny Acad Sci 409: 321–332
25. Jarrett EE (1978) Immunol Rev 41: 52–76
26. Kaltreider HB, Chan MK (1976) J Immunol 116: 423–429
27. Hand WL, Canky JR (1974) J Clin Invest 53: 354–362
28. Kaltreider HB, Chan MKL (1976) J Immunol 116 (2): 423–429
29. Reynolds HY, Merril WM, Amento EP, Naegel GP (1977) Adv Exp Med Biol 107: 553–556
30. Morgan KL, Hussein AM, Newby TJ, Bourne FJ (1980) Immunology 41: 729–736
31. Oxelius VA, Berkel AI, Hanson LA (1982) N Engl J Med 306: 515–517
32. Yount WJ (1982) N Engl J Med 306: 541–543

33. Beck CS, Heiner DC (1981) Am Rev Respir Dis 124: 94–96
34. Oxelius VA (1974) Clin Exp Immunol 17: 19–27
35. Ryan US, Ryan JW (1982) Pathobiology of the Endothelial Cell (HL Nossel, HJ Vogel (Eds.)) New York, pp. 455–469
36. Strober W, Krakauer R, Klaeveman HC, Reynolds HY, Nelson D (1976) N Engl J Med 294: 351–356
37. Orlans E, Peppard J, Reynolds J, Hall J (1978) JEM 147: 588–592
38. Phillips JO (1983) Ann Ny Acad Sci 409
39. Crago SS, Kulhevy R, Bruce SJ, Mastecky J (1978) JEM 147: 1832–1837
40. Brandtzaeg P (1981) Clin Exp Immunol 44: 221–232
41. Fisher MM, Nogy B, Bazin H, Underdown BJ (1979) PNAS 76: 2008–2012
42. Russel M (1981) JEM 153:968–976
43. Daniele RP (1980) In: AP Fishman (Ed): Pulmonary Disease and Disorders, MaGraw Hill Co Inc, New York
44. Kalden JR (1979) Biotest-Mitteilungen 37: 21–29
45. Römer J, Morgenthaler JJ, Scherz R, Skvaril F (1982) Vox Sang 42: 62–73
46. Morell A, Skvaril F (1980) Schweiz med Wschr 110: 80–85
47. Hitzig WH (1977) Schweiz med Wschr 107: 1729–1736
48. Kalden JR (1982) pp 20–27 In: Blutkomponenten und Plasmaersatzmittel. Eds: JR Kalden und P König. Springer-Verlag Berlin Heidelberg New York
49. Pedersen H, Rebbe H (1975) Biol Reprod 12: 541–544
50. Mygind H, Mygind N (1976) Nature 262: 494–495
51. Eliasson R, Mossberg B, Camner P, Afzelius BA (1977) N Engl J Med 297: 1–6
52. Afzelius BA (1977) N Engl J Med 297: 1072
53. Starke ID, Corrin B, Selby PJ, Webster ADB, Turner-Warwick M (1981) Thorax 36: 502–507
54. Ailsby RL, Ghadially KN (1973) J Pathol 109: 75–78
55. Torikata C, Takeuchi H, Yamaguchi H, Kageyama K (1976) Virchows Arch (Pathol Anat) 371: 121–129
56. McDowell E, Barrett LA, Harris CC, Trump BF (1976) Arch Pathol Lab Med 100: 429–436
57. Cutz E, Levison H, Cooper DM (1978) Histopathol 2: 407–421
58. Harris CC, Kaufmann DG, Jackson F, Smith JM, Dedick P, Saffiotti U (1974) J Pathol 114: 17–19
59. Agnello V (1978) Medicine (Baltimore) 57: 1–23
60. Glass D, Raum D, Gibson D, Stillman JS, Schur PH (1976) J Clin Invest 58: 853–861
61. Repine JE, Clawson CC, Friend PS (1977) J Clin Invest 59: 802–809
62. Jersild C, Rubinstein P, Day NK (1976) Transplantation Rev 32: 43–71
63. Johnston RB, Stroud RM (1977) J Pediatr 90: 169–179
64. Rudzik R, Clancy RL, Perey DYE, Day RP, Bienenstock J (1975) J Immunol 114: 1599–1604
65. Lucas, Douglas (1934) Arch Otolaryngol 20: 518–541
66. Oxelius VA, Laurell AB, Lindquist B, Goleblowska H, Axelsson U, Björkander J, Hanson LA (1981) N Engl J Med 304: 1476–1477
67. Reynolds HY, Atkinson JP, Newball HH (1975) J Clin Invest 56: 376–385
68. Manke HG (unveröffentlicht)
69. Church JA, Isaacs H, Saxan A, Keens TG, Richards W (1981) Am Rev Respir Dis 124: 491–496
70. Robertson J, Caldwell JR, Castle JR, Waldman RH (1976) J Immunol 117: 900–903
71. Hay FC, Torrigiani G, Roitt IM (1972) Eur J Immunol 2: 257–261
72. Young jr KR, Naegel GP, Reynolds HY (1984) Am Rev Respir Dis 129: A 5

Immunglobuline zur Infektionsprophylaxe bei Zytostatikatherapie

J. H. Hartlapp, R. E. Schmidt, H. J. Illiger

Einleitung

Infektionen sind die häufigste Todesursache bei Patienten mit Leukämien, malignen Lymphomen und zahlreichen soliden Tumoren [1–6]. Zwischen der Anzahl der zirkulierenden Granulocyten und der Häufigkeit und Schwere von Infektionen besteht eine proportionale Beziehung [7]. Die Granulocytopenie als ein Ausdruck der Knochenmarkstoxizität einer zytostatischen Chemotherapie ist eine bisher nicht vermeidbare Folge. Aber nicht nur das myelo-monocytäre *System wird durch die zytostatische Therapie* supprimiert, sondern auch das gesamte hoch spezifische lymphatische System als integrierter Bestandteil der Infektabwehr. Dies ist besonders dann ausgeprägt, wenn eine Chemotherapie kontinuierlich und über längere Zeitabstände durchgeführt werden muß [8]. Unter diesen komplexen Gesichtspunkten eines induzierten Immundefektes und unter dem Eindruck der bestechenden Therapieergebnisse durch Immunglobulinsubstitution bei angeborenen Immundefekten wurden und werden Immunglobuline verschiedenster Präparation zur Prophylaxe und zur Therapie von Infekten eingesetzt.

Mittlerweile liegt eine kaum mehr überschaubare Zahl von Berichten über Prophylaxe und Behandlung bakterieller Infektionen mit Gammaglobulinpräparationen vor [9–19]. Dennoch ist die Effektivität einer solchen Therapie nicht eindeutig gesichert. Denn Patientenkollektive, Krankheitsbilder, Erreger, sowie die zusätzlichen Therapien z. B. mit Antibiotika sind zu unterschiedlich, um mathematisch-statistisch einen therapeutischen Nutzen ableiten zu können [20]. Den Beweis für die Effektivität der Therapie mit Immunglobulinen müssen kontrollierte, klinische Studien erbringen.

Zur Durchführung dieser Studie erscheinen in der Onkologie solche Patienten geeignet, die einer aggressiven zytostatischen Therapie unterzogen werden, bei der als Folge der Knochenmarkstoxizität eine ausgeprägte Granulocytopenie mit erhöhtem Infektrisiko eintritt. Zu diesen Tumorleiden gehören u. a. metastatisierte Hodentumoren und kleinzellige Bronchialkarzinome. Patienten mit metastasierten Hodentumoren können heute durch kombinierte Operation und Chemotherapie in hohem Maße geheilt werden [20]. Bei Patienten mit kleinzelligem Bronchialkarzinom läßt sich durch Chemotherapie die mittlere Überlebenszeit verdoppeln bis verdreifachen. In einem kleinen Prozentsatz können diese Patienten mittlerweile auch in Langzeitremissionen überführt werden [21]. Als besonders geeignet wählten wir Patienten mit diesen Tumorleiden für prospektiv randomisierte Studien, um eine Reduktion von Anzahl und Schwere von Infekten durch Immunglobulinsubstitution zu untersuchen. Als problematisch erwies sich die Bestimmung der Hauptzielgröße, nämlich eine eindeutige Definition von Infekten. In unserer Untersuchung wurde nur als Infekt gewertet, wenn mindestens zwei der drei Kriterien vorlagen: Fieber über 38,5°C, infektspezifische, klinische Symptome wie z. B. Abszess oder eindeutige röntgenologische Veränderungen sowie positive mikrobiologische Befunde.

Patienten und Behandlungsschema

In unsere Untersuchungen gingen 56 Patienten mit metastasierten, nicht seminomatösen Hodentumoren und 32 Patienten mit kleinzelligen Bronchialkarzinomen ein. Zu Beginn der Chemotherapie wurden sie nach eingehender Aufklärung in eine zweiarmige Studie randomisiert. Die Verteilung der Patienten nach relevanten Stratifikationskriterien wie Alter, Tumorstadium, Histologie, zytostatische Therapie und erzielte Remission waren in beiden Gruppen jeweils gleich. Die Patienten mit metastasierten Hodentumoren wurden nach einem modifizierten Einhorn-Schema, das zusätzlich zum Teil um Ifosfamid erweitert wurde, behandelt [20]. An den Tagen 2–5 der Chemotherapie erhielten sie zusätzlich alle drei Stunden je 250 ml einer fünfprozentigen Serumproteinlösung, insgesamt 2000 ml/Tag entsprechend 100 g Gesamtprotein. Die pro Zyklus verabreichten Immunglobuline betrugen 65,6 g IgG, 14,8 g IgA und 6,01 g IgM. Wir wählen die beta-Propiolacton-stabilisierte Serumkonserve BISEKO®, da die Patienten wegen der Platintherapie sowieso eine hohe Flüssigkeitszufuhr benötigten. Zusätzlich bot sich diese Präparation an, da sie neben Immunglobulinen der Klasse IgG auch Immunglobuline der Klasse IgA und insbesondere der Klasse IgM in intravenös zu applizierender Form enthält und aus dem gepoolten Plasma von mindestens 1000 Spendern besteht und damit eine ausreichende Antikörperbreite gegen Bakterien, Viren, Pilze und Toxine gewährleistet.

Verträglichkeit

Die Verträglichkeit der hohen Immunglobulingabe war gut. Unverträglichkeitsreaktionen wie Steigerung von Atem- und Pulsfrequenz, Kopfschmerzen, Flush-Erscheinung, Schwitzen, Atembeschwerden, Zyanose, Pruritus, Urtikaria,

Rücken- und Gliederschmerzen, wurden nicht beobachtet. Übelkeit und Erbrechen konnten wegen der Zytostatikatherapie nicht als Kriterium herangezogen werden. Trotz der hohen Albuminzufuhr – im Zeitraum von 4 Tagen wurden insgesamt 248 g zugeführt – traten keine Blutdrucksteigerungen auf, wie routinemäßig dreimalige Messungen/Tag zeigten.

Ergebnisse

In beiden Therapiearmen kam es zu Infekten. In der mit Immunglobulinen behandelten Gruppe traten nach den definierten Kriterien Infekte bei 3 Patienten auf. In der Kontrollgruppe, der nicht prophylaktisch Immunglobuline appliziert worden waren, 10 Infektionen. Der Unterschied der Infekthäufigkeit war zwischen den Gruppen im χ^2-Test auf dem 0.027% Niveau signifikant.
Bei den Patienten, die Immunglobuline substituiert erhielten, trat einmal ein Abszeß des Unterkiefers, einmal ein Analabszeß sowie eine Streptococcus viridans-Sepsis auf. In der Kontrollgruppe traten viermal eine Pneumonie auf, zweimal eine Sepsis, zweimal eine eitrige Angina und einmal ein Analabszeß.
Bei allen Patienten konnte die Infektion erfolgreich antibiotisch behandelt werden, ohne daß weitere supportive Therapien, wie Granulocyteninfusionen oder Immunglobulingaben erforderlich waren.
32 Patienten mit kleinzelligen Bronchialkarzinomen wurden nach dem ACO II-Protokoll behandelt. Diese Patienten wurden in 2 Gruppen randomisiert, wobei 17 Patienten an den Tagen 1, 5 und 8 eines jeden Zyklus 10 g Betapropiolactonstabilisierte Immunglobuline der Klasse IgG erhielten. Auch diese Patienten waren entsprechend relevanter Stratifikationskriterien wie Alter, Geschlecht, Tumorstadium und Gesamttherapieergebnis in beiden Gruppen gleich. Die Serumimmunglobulinkonzentration wurde an den Tagen 1, 8 und 15 bestimmt. Entsprechend unserer Selektionskriterien traten in der zusätzlich zur Chemotherapie mit Immunglobulinen behandelten Gruppe 6 Infektionen bei 68 Behandlungszyklen auf, in der Kontrollgruppe 15 Infektionen bei 60 Behandlungszyklen. Dieser Unterschied ist ebenfalls im χ^2-Test mit einem p-Wert von 0,04 statistisch signifikant. In diesem Patientenkollektiv dominierten Harnwegsinfekte, hervorgerufen durch Escherichia coli, Klebsiellen, Proteus sowie Pseudomonas aeruginosa. Auffallend häufig waren auch Perirectalabszesse zu beobachten.
Die mittlere IgG-Serumkonzentration war zu Therapiebeginn in beiden Gruppen gleich. Während der Chemotherapie beobachteten wir in der substituierten Gruppe jeweils einen Anstieg mit einem nachfolgenden Abfall um den 14. Tag. In der Kontrollgruppe ohne IgG-Substitution trat ein Abfall der IgG-Konzentration während aller 4 Therapiezyklen auf, der jedoch zu Beginn sehr viel

ausgeprägter war. Der Unterschied zwischen den IgG-Serumkonzentrationen war ebenfalls signifikant. Die IgA- und IgM-Konzentrationen fielen in beiden Gruppen ab. Unter der Immunglobulinsubstitution beobachteten wir bei einem Patienten während des 4. Therapiezyklus am Tag 8 nach der Immunglobulinsubstitution ein kleinfleckiges Exanthem, das möglicherweise auf die Infusion zurückzuführen war. Am Tag 15 traten keine Reaktionen auf.
Auch in diesen beiden Patientengruppen verliefen keine Infektionen tödlich, obwohl in der Literatur unter diesen oder ähnlichen Therapieprotokollen eine tödliche Infektionskomplikation von 5–33% angegeben wird [22]. Alle Infektionen ließen sich durch eine Antibiotikatherapie beherrschen.

Zusammenfassung

In beiden Patientenkollektiven ließ sich die Häufigkeit von klar definierten Infektionen durch prophylaktische Substitution von Immunglobulinen der Klasse IgG, IgA und IgM in Form einer Serumkonserve bzw. in der anderen Gruppe lediglich mit Immunglobulinen der Klasse IgG mit einer statistischen Signifikanz reduzieren. Damit konnte anhand zweier prospektiv randomisierter Studien der lange geforderte Beweis geliefert werden, daß das Infektionsrisiko, das durch eine aggressive zytostatische Therapie hervorgerufen wird, vermindert werden kann. Einen Unterschied bezüglich erreichter Remission und Überlebensraten konnten wir in unseren Patientenkollektiven jedoch nicht finden. Es ist jedoch zu erwarten, daß dieser Unterschied durch größere Patientenzahlen aufgezeigt werden kann, da Dosisreduktionen zur Verminderung der Knochenmarkstoxizität der Zytostatika und Verlängerung der Therapieintervalle durch interkurrente Infekte erzwungen, vermieden werden können.
Trotz dieses statistisch eindeutigen Ergebnisses bleiben viele Fragen über die Wirkmechanismen an Immunglobulinsubstitutionen offen. Denn die zytostatische Therapie beeinträchtigt in erster Linie das unspezifische myelomonocytäre Abwehrsystem und erst verzögert, insbesondere bei länger dauernder Chemotherapie, das hochspezifische humorale Abwehrsystem. Auch läßt sich aus diesem Ergebnis nicht folgern, daß alle Patienten, die mit Zytostatika behandelt werden, gleichzeitig einer Infektprophylaxe mit Immunglobulinen bedürfen. Muß aber aufgrund von Begleiterkrankungen, fortgeschrittenem Tumorstadium oder länger anhaltenden Knochenmarkssuppressionen mit einem erheblich gesteigerten Infektrisiko gerechnet werden, so kann diese supportive Therapie in Erwägung gezogen werden.

Literatur

1. Bodey GP (1975) Infections in cancer patients. Cancer Treatment Reviews 2: 89
2. Chang HY, Rodriguez V, Narboni G, Bodey GP, Luna MA, Freireich EJ (1976) Causes of Death in Adults with Akute Leukemia. Medicine, 55, 3, 259
3. Feld R, Bodey GP, Rodriguez V, Luna M (1974) Causes of Death in Patients with Malignant Lymphoma. American J of Mecical Sciences 168, Nr. 2, 97–106
4. Inagaki J, Rodriguez V, Bodey GP (1974) Causes of Death in Cancer Patients. Cancer 33: 568–573
5. Levine AS, Schimpff SC, Graw RG, Young RC (1974) Hematologic malignancies and other marrow failure status: Progress in the management of complicating infections. Seminars in Hematology 11: 141–202
6. Klastersky J, Daneau D, Verhest A (1972) Causes of death in patients with cancer. Eur J Cancer 8: 149–154
7. Bodey GP, Buckley M, Sathe YS, Freireich EJ (1966) Quantitative Relationssships between Circulating Leukocytes in Patients with Akute Leukemia. Ann. Intern. Med. 54, Nr. 2, 338–340
8. Sen L, Borella L (1973) Expression of cell surface markers on T- and B-lymphocytes after long term chemotherapy. Cellular Immunology 9: 84
9. Ochs HD (1979) Prophylactive treatment of immunodeficiency syndromes with intravenous gamma-globuline. Vox Sang 37: 123–126
10. Schedel J (1982) Intravenöse Immunglobulinsubstitution bei sekundärem Antikörpermangelsyndrom. Diagnostik und Therapie 7: 254–265
11. Eckert P, Barbey-Schneider M, Schneider R, Sauerwein W (1982) Therapie mit Immunglobulinen bei Risikopatienten. Anaesthesist 31: 90–94
12. Hartwich G (1979) Gammoglobuline bei sekundärem Antikörpermangelsyndrom. Fortschritte der Medizin 39: 1764–1766
13. Heide K, Schwick HG (1974) Prophylaxe und Therapie mit Immunglobulinen. Internist 15: 465
14. Hitzig WH (1978) Immunglobuline in der Therapie. Therapiewoche 26: 3490
15. Bluthardt Th (1980) Intravenöse Immunglobulinsubstitution bei Antikörpermangelsyndrom. DMW 28: 993–997
16. Kornhuber B (1979) Intravenöse Immunglobulinlangzeittherapie bei Kindern. Monatsschrift für Kinderheilkunde 127: 20–22
17. Duswald KH, Müller K, Seifert J, Ring I (1980) Wirksamkeit von iv-Gammaglobulinen gegen bakterielle Infektionen chirurgischer Patienten
18. Barandun S, Skvaril F, Morell A (1976) Prophylaxe und Therapie mit Gammaglobulinen. Schweiz Med Wochenschrift 106: 543 u. 580
19. Ewald RW (1979) Prophylaxe und Therapie mit iv-applizierbaren Immunglobulinen: Indikationen. Pharmazeutische Zeitung 124: 847
20. Einhorn LH, Donohue JP (1977) Cis-Diamminedichloroplatinum, Vinblastine and Bleomycin combination chemotherapy in disseminated testicular cancer. Ann Intern Med 87 (3): 293
21. Seeber S, Niederle N, Schilcher RB, Schmidt CG, Adriamycin, Cyclophoshamid und Vincristin (ACO) bei kleinzelligen Bronchialkarzinomen: Verlaufsanalyse bei 50 Patienten. Dtsch Med Wschr 105: 474
22. Feld R (1981) Complications in the treatment of small cell carcinoma of the lung. Cancer Treatm Rev 8: 5–25

Infektionen durch Cytomegalievirus – klassisch-virologische Grundlagen und molekularbiologische Perspektiven

G. Jahn, B. Fleckenstein

Einleitung

Infektionen durch das Cytomegalievirus (CMV; Zytomegalie-Virus) sind weit verbreitet. Nahezu alle Disziplinen der Medizin sind betroffen. Kein zweites humanpathogenes Virus ist mit so vielfältigen, oft uncharakteristischen klinischen Erscheinungsformen assoziiert; häufig ist ohne moderne virologische Laborverfahren keine Diagnosestellung möglich. Die Infektion kann einerseits vollkommen symptomlos verlaufen, andererseits eine schwerwiegende Erkrankung hervorrufen; man kann lokalisierte, organbezogene Formen von generalisierten Manifestationen unterscheiden. Patienten mit malignen Erkrankungen und Immunsupprimierte stellen eine hohe Risikogruppe für CMV-Infektionen dar.

Tabelle 1. Verteilung von Komplement bindenden CMV-Antikörpern unter gesunden Blutspendern in verschiedenen Ländern (nach Krech U 1973); Bull WHO; 49: 103–106)

Ort der Blutentnahmen	Anzahl der getesteten Seren	Anzahl der Seren mit Antikörper KBR > 1:4	(%)
Lyon, Frankreich	98	39	(40)
Freiburg, Deutschland	89	37	(42)
St. Gallen, Schweiz	105	47	(45)
Stockholm, Schweden	99	60	(60)
Manchester, England	94	58	(61)
Albany, New York, USA	98	44	(45)
Honolulu, Hawai, USA	145	97	(67)
Houston, Texas, USA	98	77	(79)
Johannesburg, Südafrika (Weiße)	96	72	(75)
Johannesburg, Südafrika (Schwarze)	112	112	(100)
Sendai, Japan	99	96	(96)
Marokko	109	107	(98)
Entebbe, Uganda	143	143	(100)
Ibadan, Nigeria	95	95	(100)
Manila, Philippinen	89	89	(100)
Chandigarh, Indien	68	68	(100)

Weltweit infizieren sich mehr als 80% aller Menschen im Laufe ihres Lebens mit CMV. Es gibt große regionale Unterschiede: In Afrika oder Asien findet man Durchseuchungsraten um 100%; in Industrieländern wie Mitteleuropa oder USA werden CMV-Antikörper in 40–60% der untersuchten erwachsenen Personen gefunden (Tabelle 1). Die Übertragung des Virus kann durch verschiedene Weise erfolgen: Über Speichel, Muttermilch, Urin, Vaginalsekret oder Sperma. Infektionen durch Bluttransfusionen sind möglich (Tabelle 2), wahrscheinlich assoziiert an die Leukozytenfraktion [1].

Tabelle 2. Häufigkeit von CMV-Infektionen bei Kindern nach wiederholten Bluttransfusionen (nach Luthardt TM (1971) Klin Wochenschr 49: 81–86 und Kumar A (1980) Transfusion 20: 327–331)

Seronegative* Empfänger		Seropositive Empfänger	
Seronegative Spender	Seropositive Spender	Seronegative Spender	Seropositive Spender
1/27 (4%)	9/18 (50%)	2/32 (6%)	5/25 (20%)

* Seronegativ: KBR < 1:8

Das Cytomegalievirus ist, ähnlich wie alle anderen Herpesviren, in der Lage, nach einer Erstinfektion im Organismus zu persistieren. Neben der Primärinfektion, die im allgemeinen inapparent erfolgt, kann zu einem späteren Zeitpunkt ein Rezidiv (endogene Rekurrenz) auftreten. Ein Rezidiv wird häufig durch äußere Einflüsse wie Immunsuppression oder hormonelle Faktoren hervorgerufen. Schwangere scheiden das Virus häufig mit Urin und Zervikalsekret aus; ein Hinweis für endogene Reaktivierung (Tabelle 3). Auch exogene Reinfektionen scheinen vorzukommen.

Tabelle 3. Zervikale CMV-Infektion während der Schwangerschaft (nach Monto Ho in Principles and Practice of Infectious Diseases, eds. Mandell, Douglas, Benett. John Wiley and Sons, New York (1979), S. 1311

Infektion in Trimester			Gesamtinfektion
1.	2.	3.	
4/256	34/504	65/481	99/987
1,6%	6,7%	13,5%	10,0%

Epidemiologie und Klinik

Man unterscheidet eine pränatale, perinatale und eine postnatale Infektion. Ungefähr 1% aller Neugeborenen werden intrauterin mit dem Virus infiziert;

die Angaben aus verschiedenen Studien schwanken zwischen 0,5% und 3,5%. Die Übertragung kann nicht nur nach der Primärinfektion, sondern auch nach Reaktivierung einer persistierenden Infektion erfolgen. In etwa der Hälfte aller Fälle, bei denen eine Schwangere eine aktive CMV-Infektion durchmacht, ist mit einer kongenitalen Infektion zu rechnen.

Bei Primärinfektionen der Schwangeren sind Fruchtschäden zu erwarten [23]. Ungefähr 5%–10% der pränatal infizierten Kinder weisen bei der Geburt Symptome auf. Im Verlauf der ersten Lebensmonate erhöht sich der Anteil der CMV-geschädigten Kinder auf ungefähr 25%. Dabei imponieren klinisch manifeste Hepatosplenomegalien und Thrombozytopenien mit und ohne Purpura. Ein besonderes Problem stellen die zerebralen Schäden dar, wie periventrikuläre Verkalkungen und Mikrozephalie. Ein nicht unerheblicher Teil der Kinder wird jedoch erst in den ersten Lebensjahren auffällig. Spastische Lähmungen und psychomotorische Verlangsamungen, Krämpfe, Opticus-Atrophien, Chorioretinitis, Gehördefekte bis zur Innenohrschwerhörigkeit und Taubheit, Pneumonien, Herzfehler, Rachengaumenspalten, Knochendefekte und allgemeine Gedeihstörungen sind beschriebene Symptome im Zusammenhang mit pränatalen CMV-Infektionen. Kinder können über Monate und Jahre infektiös bleiben, da die Viren bisweilen sehr lange im Urin ausgeschieden werden.

Ein hoher Anteil der Kleinkinder infiziert sich perinatal. Die infizierte mütterliche Zervix und Muttermilch scheinen dabei die bedeutsamste Rolle zu spielen. Infektionen über den Respirationstrakt sind in dieser Periode ebenfalls möglich. Als Infektionsquelle kommen neben der Mutter andere Kinder und Personen wie Kinderkrankenschwestern in Frage. Die perinatale Infektion verläuft in der Regel gutartig. Nur geschwächte Neugeborene sind gefährdet und können Symptome einer Sepsis entwickeln.

Die postnatale Infektion verläuft bei immunkompetenten Personen meist inapparent, kann jedoch in sehr mannigfaltiger Weise in Erscheinung treten, beispielsweise als Paul-Bunell-negative Mononukleose, Hepatitis, Posttransfusionssyndrom, Hepatosplenomegalie, Pneumonie, Myokarditis, Parotitis, Pankreatitis, hämolytische Anämie, Thrombocytopenie, Enzephalitis, Myositis, Polyradiculitis und Retinitis. Bei Risikofaktoren wie malignen lymphatischen Tumoren, zytostatischer Therapie oder Immunsuppression nach Organtransplantationen können CMV-Infektionen besonders gefährliche Manifestationen annehmen. Noch hypothetisch ist der Zusammenhang zwischen CMV-Infektion und Prostatakarzinom [21], Colonkarzinom [9], Zervikalkarzinom [12], Kaposi-Sarkom und dem erworbenen Immunmangelsyndrom AIDS [5] sowie der Arteriosklerose [11].

Herkömmliche Verfahren der Virusdiagnostik

Die Diagnose einer CMV-Infektion ist am besten gesichert, wenn das Virus isoliert werden konnte. Urin ist das Untersuchungsmaterial der Wahl, da CMV über lange Zeit darin ausgeschieden wird. Während die Isolierung des Virus bei Kleinkindern unproblematisch ist, bereitet der Nachweis bei Erwachsenen bisweilen Schwierigkeiten. Neben Urinproben könnten Speichel, Muttermilch, Zervikalsekret, Sperma, Blutproben sowie Biopsiematerial für die Virusisolierung verwendet werden. Cytomegalievirus wächst in Zellkultur auf menschlichen Fibroblasten, die aus Vorhäuten von Neugeborenen oder aus embryonalem Gewebe gewonnen werden können. Die Zellkulturen, welche mit virushaltigem Material versehen wurden, zeigen meist nach ein bis zwei Wochen einen typischen cytopathogenen Effekt (CPE) (Abb. 1). Die zeitliche Entwicklung des CPE ist abhängig von der Konzentration an infektiösem Virus im Untersuchungsmaterial. Es ist also einzuberechnen, daß der Isolierungsversuch von Cytomegalievirus mehr Zeit beansprucht als bei Herpes simplex Virus.

Neben der Erregerisolierung stehen zahlreiche serologische Nachweisverfahren für die CMV-Diagnostik zur Verfügung. Die virusspezifischen Antikörper werden in erster Linie durch die Komplementbindungsreaktion (KBR), die Immunfluoreszenz (IF) oder den Enzym-Immun-Test (ELISA) nachgewiesen.

Die komplementbindenden Antikörper erreichen im Verlauf einer akuten Infektion maximale Titerwerte im Serum. Die Antikörperkonzentrationen fallen im Verlauf von einigen Monaten ab und bleiben dann auf einem niedrigen Titerniveau erhalten. Manchmal sinken die Antikörperwerte im Laufe von Jahren unter die Nachweisgrenze ab – eine Fehlerquelle für seroepidemiologische Studien, die auf Messungen der komplementbindenden Antikörper beruhen.

Immunfluoreszenz und ELISA erlauben die Differenzierung virusspezifischer Antikörper der IgG und IgM-Klasse. Der Nachweis von CMV-spezifischen IgM-Antikörpern ist Ausdruck einer floriden Infektion, sei es Primärinfektion, endogene Reaktivierung oder exogene Reinfektion [14, 22]. Die IgM-Teste sind für die Diagnose frischer Infektionen bei Erwachsenen unentbehrlich. Dagegen sind IgM-Bestimmungen bei pränataler Infektion zur Sicherung der Diagnose nicht zuverlässig, da sie in nur 40% der Fälle nachweisbar sind. Eine weitere Fehlerquelle der IgM-Diagnostik liegt darin, daß gelegentlich durch Autoantikörper wie Rheumafaktoren falsch positive Resultate auftreten können.

Weitere serologische Nachweisverfahren, wie Bestimmung von IgA-Antikörpern und Antikörpern gegen frühe Antigene (EA, Early Antigen), indirekter Hämagglutinations-Test oder Radioimmunassay (RIA) haben sich für die Breitendiagnostik der CMV-Infektionen bisher nicht bewährt.

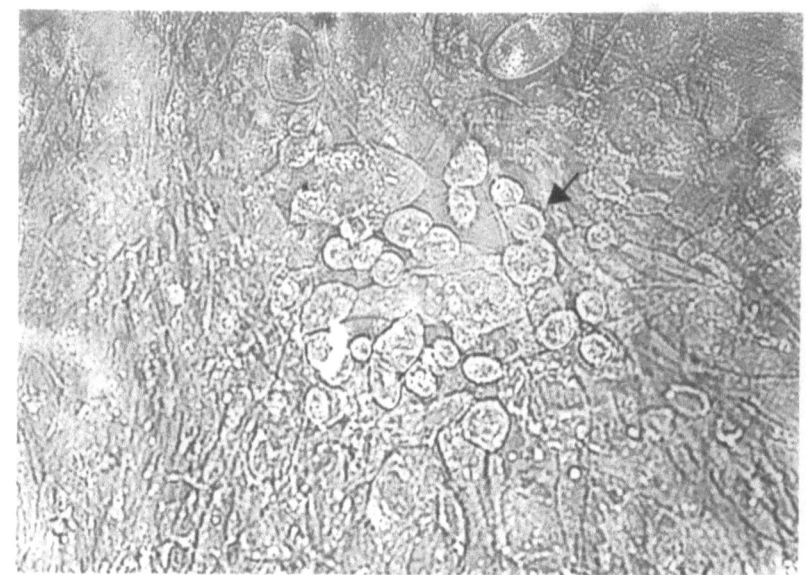

Abb. 1a. Typischer cytopathogener Effekt (CPE) des Cytomegalievirus (CMV) in menschlichen Vorhautfibroblasten (HFF). Die virusinfizierten Zellen sind vergrößert und abgerundet. (Vergr. 200fach)

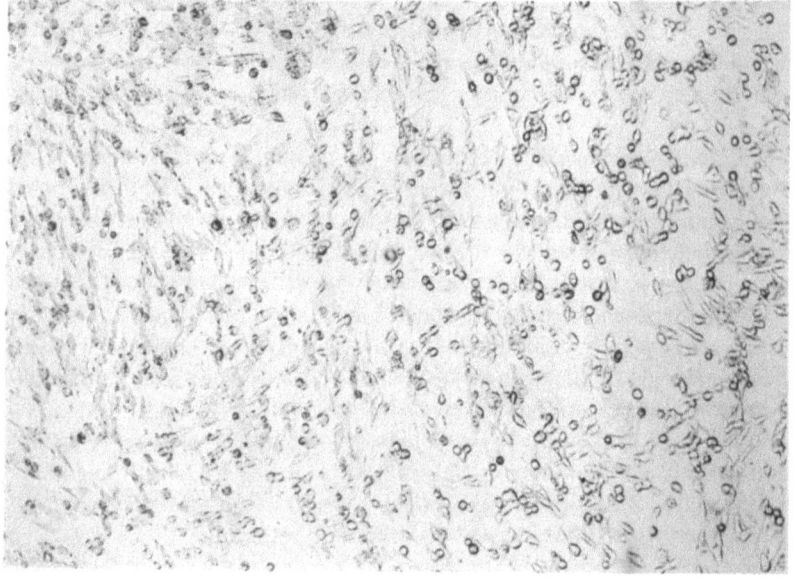

Abb. 1b. Fortgeschrittener CPE eines CMV-Laborstammes (AD169). (Vergr. 40fach)

Bisherige Versuche zur Prophylaxe und Therapie

Alle Versuche zur Therapie von CMV-bedingten Erkrankungen sind bisher unbefriedigend verlaufen. Weder Interferon noch Nukleosid-Analoge haben sich zur Behandlung einer manifesten CMV-Erkrankung bewährt. Auch Acyclovir, welches bei anderen Herpesvirus-Infektionen (Herpes simplex Virus und Varizella Zoster Virus) erfolgreich eingesetzt werden konnte, erwies sich bei CMV-Infektionen als unbrauchbar [8, 27]. Einige neuere Nukleosid-Derivate zeigen in Zellkultur Aktivität gegen das Cytomegalievirus, bedürfen jedoch noch klinischer Austestungen. Interferon und Acyclovir sind allenfalls prophylaktisch wirksam. Für die hochdosierte Gabe von Interferon ist eine prophylaktische Wirksamkeit für Risikopatienten (Nierentransplantierte) beschrieben [3]. Eine Studie von Gluckman et al. zeigte, daß möglicherweise durch frühe Gabe von Acyclovir eine endogene Reinfektion unterdrückt werden kann [7].
In ersten Studien konnte gezeigt werden, daß Cytomegalieviren, die längere Zeit in Zellkultur vermehrt wurden, zur Impfung benutzt werden können. Diese Impfstoffe erwiesen sich bisher als hilfreich, die Symptomatik von CMV-Erkrankungen bei Nierentransplantationen zu lindern (S. A. Plotkin, Philadelphia, und H. H. Balfour, Minneapolis, persönliche Mitteilung). Es ist nicht zu erwarten, daß solche Impfstoffe für den allgemeinen Gebrauch zugelassen werden, da das Persistenzverhalten und die onkogene Potenz kaum kalkulierbar sind.
Im Jahre 1979 ist aus den Niederlanden erstmals über die gute Wirksamkeit von CMV-Hyperimmunseren berichtet worden [4]. Wie in den nachfolgenden Beiträgen eingehend ausgeführt wird, kommt derzeit den Hyperimmunseren bezüglich Prävention und Therapie der CMV-Infektion die größte Bedeutung zu [13, 16].

Neue Wege zur Diagnostik und Impfung auf gentechnologischer Grundlage

Wie dargestellt, sind Diagnostik und Prophylaxe von CMV-Erkrankungen derzeit noch mit erheblichen Problemen belastet. Die Erregerisolierung ist nicht in allen diagnostischen Labors etabliert, zudem zeitaufwendig und kann – besonders bei Erwachsenen – negativ ausfallen. Die serologischen Nachweisverfahren, insbesondere die IgM-Teste, sind bisweilen schwer zu interpretieren. Um neue Wege der Diagnostik und Immunisierung zu beschreiten, wird es unumgänglich sein, die modernen Methoden der Gentechnologie einzubeziehen. In den letzten Jahren war es möglich, die gesamte DNA des Cytomegalievirus in bakteriellen Vektoren zu klonieren [6, 24, 25]. Das Genom des CMV ist ein linearer DNA-Doppelstrang, der aus 235 000 Basenpaaren besteht; somit ist es das größte Genom der bekannten humanpathogenen Viren. Die klonierte virale

DNA wird derzeit in mehreren Laboratorien für diagnostische Zwecke ausgetestet. Beispielsweise ist versucht worden, radioaktiv markierte klonierte virale DNA in molekularen Hybridisierungsversuchen zum Nachweis von CMV-DNA in Urinen von infizierten Personen einzusetzen [2]. Die bisherigen Versuche sind erfolgversprechend, wenngleich die Methode noch nicht ausgereift ist [19]. Molekulare Hybridisierungen scheinen eine besondere Bedeutung zu besitzen, um die Frage zu beantworten, ob CMV menschliche Tumoren induziert und virale DNA in solchen Geweben vorkommt. Es konnte zwar gezeigt werden, daß ein kleiner Abschnitt der viralen DNA zur onkogenen Transformation befähigt ist [15], aber bisher konnte in keinem Tumor ein definiertes Fragment viraler DNA in reproduzierbarer Weise nachgewiesen werden. Die gilt insbesonders für Colonkarzinome und Kaposi Sarkome [20]. Neben den Nukleinsäurehybridisierungen kommt auch die Anwendung spezifischer monoklonaler Antikörper für eine schnelle und sensitive CMV-Diagnostik in Frage. Monoklonale Antikörper gegen verschiedene virusspezifische Proteine sind seit wenigen Jahren vorhanden und die ersten Berichte über den diagnostischen Einsatz liegen vor [17, 18, 26].

Ein wichtiger Weg künftiger gentechnologischer Virusdiagnostik dürfte über die Expression und Gewinnung viraler Proteine aus mikrobiellen Zellen gehen. Die Replikation des CMV verläuft, wie bei anderen Herpesviren, in drei sequenziellen Phasen ab, die als „Immediate Early" (IE), „Early" und „Late" bezeichnet werden (Abb. 2) [10, 28]. In der „Late"-Phase werden die Strukturproteine der Viruspartikel gebildet. Ziel der Versuche ist es, die viralen Gene, welche zur „Late"-Phase aktiv sind, zu identifizieren und die entsprechenden Proteine in mikrobiellen Systemen (E. coli oder Hefen) zu gewinnen. Es steht zu erwarten, daß die inneren Strukturproteine des Virus (Nukleokapsidproteine), gewonnen mit gentechnologischen Methoden, billige und saubere Reagentien für die serologische Virusdiagnostik darstellen. In unserem Labor werden derzeit in Zusammenarbeit mit W. Lindenmeier und J. Collins, Gesellschaft für Biotechnologische Forschung, Braunschweig-Stöckheim, Versuche durchgeführt, mit Hilfe rekombinierter DNA-Moleküle Fusionsproteine herzustellen, welche antigene Determinanten von CMV und bakterielle Enzymaktivitäten besitzen und somit zu ELISA-Techniken eingesetzt werden sollen.

Auch künftige Impfstoffe gegen CMV könnten mit gentechnologischen Methoden in Expressionssystemen gewonnen und zur risikofreien Immunisierung eingesetzt werden. Hierbei ist das Ziel, die Gene zu identifizieren, die für glykosylierte Oberfächenproteine des Virus kodieren und die entsprechenden Antigene in mikrobiellen Zellen zu exprimieren und daraus zu reinigen.

Zweifelsohne ist der Weg zum anwendbaren Produkt noch weit, aber eine Alternative zur Gentechnologie gibt es aus derzeitiger Sicht nicht.

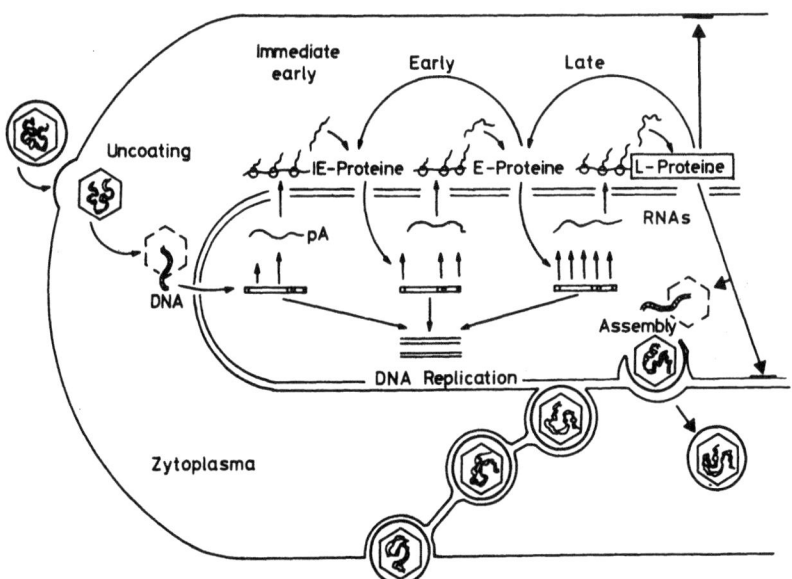

Abb. 2. Infektionszyklus des Cytomegalievirus. Das Virion dringt in die Wirtszelle durch Fusion der Virushülle mit der Zellplasmamembran ein. Im Zellkern vollzieht sich die DNA-Replikation. In der dritten Phase („Late") werden die virusspezifischen Strukturproteine gebildet und es entstehen wieder neue Viruspartikel.

Literatur

1. Adler SP (1983) Transfusion-associated cytomegalovirus infections. Rev Infect Dis 6: 977
2. Chou S, Merigan TC (1983) Rapid detection and quantitation of human cytomegalovirus in urine through DNA hybridization. N Engl J Med 308: 921
3. Cheeseman SH, Rubin RH, Stewart JA et al (1979) Controlled clinical trial of prophylactic human-leukocyte interferon in renal transplantation. Effect on cytomegalovirus and herpes simplex virus infections. N Engl J Med 300: 1345
4. Dijkmans BAC, Versteeg J, Kaufmann RH et al (1979) Treatment of cytomegalovirus pneumonitis with hyperimmune plasma. Lancet I: 820
5. Drew WL, Miner RC, Ziegler JL et al. (1982) Cytomegalovirus and Kaposi's sarcoma in young homosexual men. Lancet II: 125
6. Fleckenstein B, Müller I, Collins J (1982) Cloning of the complete human cytomegalovirus genome in cosmids. Gene 18: 39–46
7. Gluckman E, Devergie A, Melo R et al. (1983) Prophylaxis of herpes infections after bone-marrow-transplantation by oral acyclovir. Lancet II: 706–708
8. Hirsch MS, Schooley RT (1983) Treatment of herpesvirus infections. N Engl J Med 309: 1034–1039
9. Huang ES, Roche RK (1978) Cytomegalovirus DNA and adenocarcinoma of the colone: Evidence for latent viral infection. Lancet I: 957–960

10. Jahn G, Knust E, Schmolla H, Sarre T, Nelson JA, McDougall JK, Fleckenstein B (1984) Predominant immediate early transcripts of human cytomegalovirus strain AD169. J Virol 49: 363–370
11. Melnick JL, Dreesman GR, McCollum CH, Petric BL, Burek J, De Bakey ME (1983) Cytomegalovirus antigen within human arterial smooth muscle cells. Lancet II: 644–647
12. Melnick JL, Lewis R, Wimberley J, Kaufman RH, Adam E (1978) Association of cytomegalovirus infection with cervical cancer: Isolation of CMV from cell cultures derived from cervical biopsy. Intervirology 10: 115–119
13. Meyers JD, Leszynski J, Zaia JA et al (1983) Prevention of cytomegalovirus infection by cytomegalovirus immune globulin after marrow transplantation. Ann Intern Med 98: 442–446
14. Nagington J (1971) Cytomegalovirus antibody production in renal transplant patients. J Hyg (Camb) 69: 645–660
15. Nelson JA, Fleckenstein B, Jahn G, Galloway DA, McDougall JK (1984) Structure of the transforming region of human cytomegalovirus strain AD169. J Virol 49: 109–115
16. Nicholls AJ, Brown CB, Edward N, Cuthbertson B, Yap PL, McClelland DBL (1983) Hyperimmune immunglobulin for cytomegalovirus infections. Lancet I: 532–533
17. Nowak B, Sullivan C, Sarnow P, Thomas R, Bricout F, Nicolas JC, Fleckenstein B, Levine AJ (1984) Characterization of monoclonal antibodies and polyclonal immune sera directed against human cytomegalovirus virion proteins. Virology 132: 325–338
18. Pereira L, Hoffman M, Gallo D, Cremer N (1982) Monoclonal antibodies to human cytomegalovirus: Three surface memrane proteins with unique immunological electrophoretic properties specify cross-reactive determinants. Infect Immun 36: 924–932
19. Rüger R, Bornkamm GW, Fleckenstein B (1984) Human cytomegalovirus DNA sequences with homologies to the cellular genome. J General Virol (in press)
20. Rüger R, Burmester GR, Kalden JR, Bienzle U, Braun R, Safai B, Sterry W, Fleckenstein B (1984) Search for human cytomegalovirus DNA in Kaposi sarcomas and heamatopoietic cells from homosexual men with AIDS or unexplained lymphadenopathy. In UCLA Symposia on Molecular and Cellular Biology, Vol. 16. Acquired Immune Deficiency Syndrome, eds. M. Gottlieb and J. Groopman, Alan Liss, Inc., New York (in press)
21. Sanford EJ, Geder L, Laychock A, Rohner TJ, Rapp F (1977) Evidence for the association of cytomegalovirus with carcinoma of the prostate. J Urol 118: 789–792
22. Schmitz H, Doerr HW, Kampa D, Vogt A (1977) Solidphase enzyme immunoassay for immunoglobulin M antibodies to cytomegalovirus. J Clin Microbiol 5: 629–634
23. Stagno S, Pass RF, Deworsky ME et al (1982) Congenital cytomegalovirus infection. N Engl J Med 306: 945–949
24. Tamashiro JC, Hock LJ, Spector DH (1982) Construction of a cloned library of the Eco RI fragments from the human cytomegalovirus genome (strain AD169) J Virol 42: 547–557
25. Thomsen DR, Stinski MF (1981) Cloning of the human cytomegalovirus genome as endonuclease XbaI fragments. Gene 16: 207–216
26. Volpi A, Whitley RJ, Ceballos R, Stagno S (1983) Rapid diagnosis of pneumonia due to cytomegalovirus with specific monoclonal antibodies. J Infect Dis 147: 1119–1120
27. Wade JC, McGuffin RW, Springmeyer SC, Newton B, Singer JW, Meyers JD (1983) Treatment of cytomegaloviral pneumonia with high-dose acyclovir and human leukocyte interferon. J Infect Dis 148: 557–562
28. Wathen MW, Stinski MF (1982) Temporal patterns of human cytomegalovirus transcription: mapping the viral RNAs synthesized at immediate early, early and late times after infection. J Virol 41: 462–477

Prophylaxe und Therapie von Cytomegalie-Infektionen nach Knochenmarktransplantation

P. Ostendorf, G. Ehninger, H. Link, P. Wernet, R. Dopfer, D. Niethammer

Die Beziehung zwischen Knochenmarktransplantation und Infektionsneigung läßt sich durch zwei Punkte charakterisieren:
1. Die Konditionierung zur Knochenmarktransplantation ist die stärkste Form einer Immunsuppression, die für den Menschen denkbar ist. Sie wird durchgeführt, um maligne Restzellpopulationen zu beseitigen und andererseits durch die Suppression der Immunabwehr ein Engraftment zu ermöglichen. Die Abb. 1 zeigt unser Konditionierungsprotokoll zur Vorbereitung einer Knochenmarktransplantation bei akuter Leukämie und schwerer aplastischer Anämie.
2. Die Folgen dieser Immunsuppression haben Modellcharakter für immunkompromittierte Patienten im Rahmen anderer Erkrankungen bzw. Therapieformen. Der Modellcharakter ergibt sich aus der Tatsache, daß ein Patient in den ersten 6–24 Monaten nach Transplantation erneut eine normale Immunkompetenz aufbauen muß.

Untersuchungen zum Wesen der Immunkompetenz und zeitlichen Abfolge ihrer Rekonstitution nach Knochenmarktransplantation (Tabelle 1) zeigen, daß OKT 4-Helferzellen bis zu einem Jahr erniedrigt sein können, daß eine Normalisierung der B-Zellen 2–3 Monate in Anspruch nimmt, wobei der Befund erhöhter µ-Determinanten darauf hinweist, daß möglicherweise zu diesem Zeitpunkt

Tabelle 1. Immundefizienz nach Knochenmarktransplantation

1. Langsamer Anstieg der *OKT_4-Zellen* bis zu 1 Jahr. Ausn.: c-GvHR
2. Normalisierung der *B-Zellen*, 2–3 Monate nach KMT (> µ-Determinanten)
3. *IgG und IgM* normal nach 1 Jahr
4. *Serum-AK gegen Neoantigene* normal nach 1 Jahr. Ausn.: c-GvHR
5. *Produktion von Interleukin-2* bis zu 5 Jahre herabgesetzt
6. *Mtx = CsA*

noch unreife B-Zellpopulationen existieren. Immunglobuline können bis zu einem Jahr erniedrigt sein, Antikörper gegen Neoantigene werden erst nach 12–18 Monaten voll ausgebildet. Die Produktion von Interleukin-2 kann sogar bis zu 5 Jahre herabgesetzt sein. Insbesondere für den Anstieg der OKT 4-Zellen wie auch den Anstieg der Antikörper gegen Neoantigene muß zusätzlich beachtet werden, daß eine chronische Graft-versus-Host-Reaktion (c-GvHR) eine Normalisierung weiter hinausschiebt.

Dieser Sequenz zeitabhängiger Immunrekonstitution entspricht eine chronologische Folge typischer Infektionen, die nach Knochenmarktransplantation erwartet werden müssen [1–5]. In den ersten 4 Wochen nach Transplantation, in der Zeit der Panzytopenie, kann es zu lebensbedrohlichen bakteriellen und fungalen Infektionen kommen. Mit der Unterbringung der Patienten in Sterileinheiten und der ausgedehnten Gnotobiotik stellt diese Phase inzwischen kein

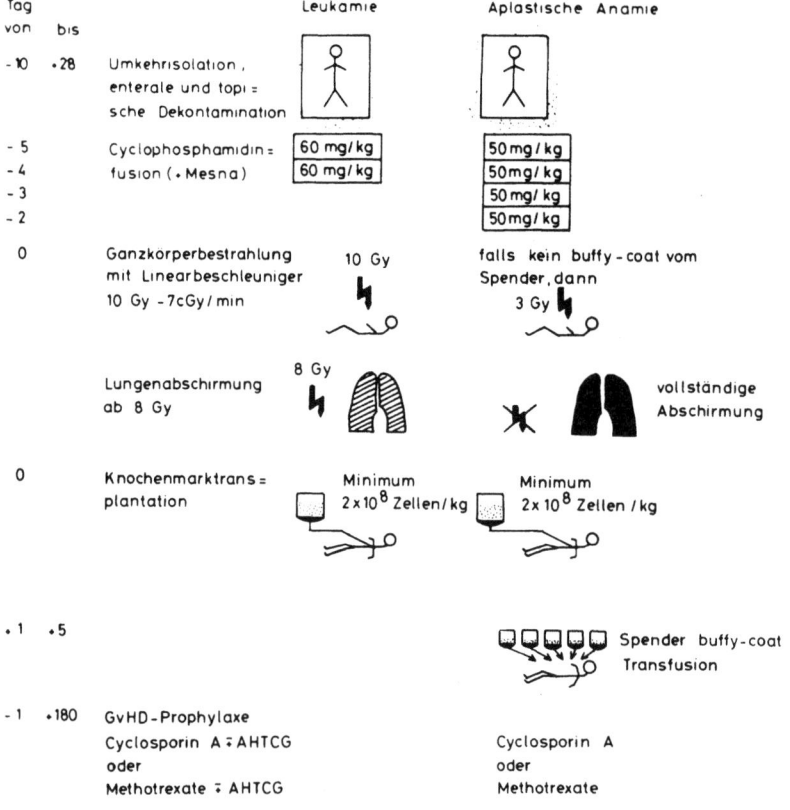

Abb. 1. Protokoll der Knochenmarktransplantation

großes Problem mehr dar. Bei den letzten 20 Patienten, die in unserem Zentrum wegen akuter Leukämie, chronischer myeloischer Leukämie bzw. schwerer aplastischer Anämie transplantiert wurden, ist kein Patient wegen septischer Temperaturen im Life-Island behandlungspflichtig geworden. In der nachfolgenden Phase konnten Infektionen mit Pneumocystis carinii durch die konsequente Prophylaxe mit Cotrimoxazol ebenfalls weitgehend eliminiert werden. Außerordentlich problematisch sind aber unverändert interstitielle Pneumonien, die bevorzugt in der Zeit vom 30. bis 120. Tag nach Knochenmarktransplantation auftreten [6, 7].

Im Rahmen dieser interstitiellen Pneumonien sind mit extrem hoher Mortalität Lungeninfektionen belastet, die durch Cytomegalievirus ausgelöst werden. Tabelle 2 zeigt die Inzidenz tödlicher CMV-Infektionen nach Knochenmarktransplantation in Seattle im Vergleich zu den Inzidenzraten in Tübingen bezogen auf die Jahre 1979–1984. In unserem Patientengut sind je 5 idiopathische und 5 CMV-bedingte interstitielle Pneumonien aufgetreten, eine Infektion durch Pneumocystis carinii konnten wir bei keinem Patienten diagnostizieren. Diese eigenen Prozentzahlen zeigen ein hohes Maß an Übereinstimmung mit den Literaturangaben, insbesondere den dargestellten Daten aus Seattle [8].

Tabelle 2. Inzidenz nicht-bakterieller Pneumonien nach Knochenmarktransplantation in Seattle und Tübingen. (In Teilen modifiziert nach Meyers et al.: Rev. Inf. Dis. 4, 1119 ff., 1982)

Pneumonietyp	Allogene KMT		Syngene KMT	
	Seattle	Tü	Seattle	Tü
	N = 525	54	100	4
Idiopathisch	63 (12%)	5 (10%)	11 (11%)	1 (25%)
CMV	85 (16%)	5 (10%)	0	0
Pneum. carinii	34 (6%)	0	1 (1%)	0
Andere Viren	16 (3%)	2 (4%)	1 (1%)	0

Die 5 von uns diagnostizierten CMV-Infektionen verliefen alle tödlich, von den idiopathischen interstitiellen Pneumonien überlebten 2 Patienten. Tabelle 2 zeigt als zweite wesentliche Information, daß bei syngenen Transplantationen die Rate CMV-induzierter interstitieller Pneumonien bei beiden Kollektiven 0 ist. Dieser für die Pathogenese CMV-induzierter Pneumonien extrem wichtige Tatbestand gilt nicht für die idiopathischen Pneumonien, die sowohl bei syngener wie auch allogener Knochenmarktransplantation in etwa gleichem Prozentsatz auftreten.

Besonders für die CMV-induzierte Pneumonie gilt, daß der tödliche Verlauf nach Diagnose einer Cytomegalieinfektion der Lunge nur in extremen Ausnahmefällen aufgehalten werden kann. So starben in einem größeren Kollektiv in Seattle [1] von 34 Patienten mit einer CMV-Pneumonie 29 an dieser Erkrankung.

Zur Pathogenese der CMV-bedingten Pneumonie nach Knochenmarktransplantation haben sich einige Risikofaktoren herauskristallisiert, die in Tabelle 3 zusammengefaßt sind [4, 6, 9]. Hinzuweisen ist besonders auf die Beziehung der CMV-Pneumonie zum Auftreten und Grad einer GvHR. Meyers et al. haben, gestützt auf die großen Untersuchungszahlen in Seattle, nachgewiesen, daß eine Beziehung interstitieller Pneumonien zu GvHR dann besteht, wenn es sich um CMV-induzierte Pneumonien handelt, daß andererseits idiopathische Formen sich unabhängig von GvHR entwickeln [10]. Entscheidende prophylaktische Maßnahmen müssen deswegen u. a. darin bestehen, GvHR in Zahl und Schweregrad zu reduzieren. Aus diesen Gründen wird bei unseren Patienten mit akuter und chronisch-myeloischer Leukämie das Knochenmark mit einem Anti-T-Zell-Globulin (AHTCG der Gruppe Tierfelder, München) vorinkubiert und anschließend eine GvH-Prophylaxe mit Methotrexat bzw. Cyclosporin A durchgeführt. Mit diesen Maßnahmen konnten sowohl die Schweregrade III und IV akuter GvHR wie auch die schwere Form der chronischen GvHR deutlich gesenkt werden [11].

Tabelle 3. Risikofaktoren zur Entwicklung einer CMV-Pneumonie nach Knochenmarktransplantation

I. Gesicherte/wahrscheinliche Beziehung
1. Bestrahlung, insbes. hohe Dosisraten (> 7 cGy/min)
2. Alter
3. GvHR-Grad
4. Mtx (allogen vs. syngen)
5. ATG (Prophylaxe, Therapie)
6. KMT: ♀ → ♂ > ♀ → ♀
7. Serokonversion

II. Fragliche Beziehung
1. Maligne Vorerkrankung
2. Patienten im Relapse
3. Seropositivität von Spender und Empfänger vor KMT

Interstitielle idiopathische Pneumonien zeigen somit im Gegensatz zu CMV-induzierten Pneumonien folgende Unterschiede:
1. Interstitielle idiopathische Pneumonien sind durch fraktionierte Ganzkörperbestrahlung im Gegensatz zu einzeitiger Bestrahlung reduzierbar und

treten bei schwerer aplastischer Anämie ohne Ganzkörperbestrahlung als Teil der Konditionierung sogar nur extrem selten auf. Interstitielle Pneumonien sind somit abhängig von dem Konditionierungsschema.

2. Interstitielle Pneumonien sind nicht mit GvH-Inzidenz und Schweregrad korreliert.

Im Gegensatz zu dieser Charakteristik interstitieller idiopathischer Pneumonien ist die CMV-Pneumonie sowohl Folge der knochenmarktransplantationsbedingten Immuninsuffizienz als auch der durch Histoinkompatibilität bedingten GvHR. Diese Abstufung wird in Abb. 2 verdeutlicht. Bei dem Patienten Nr. 35

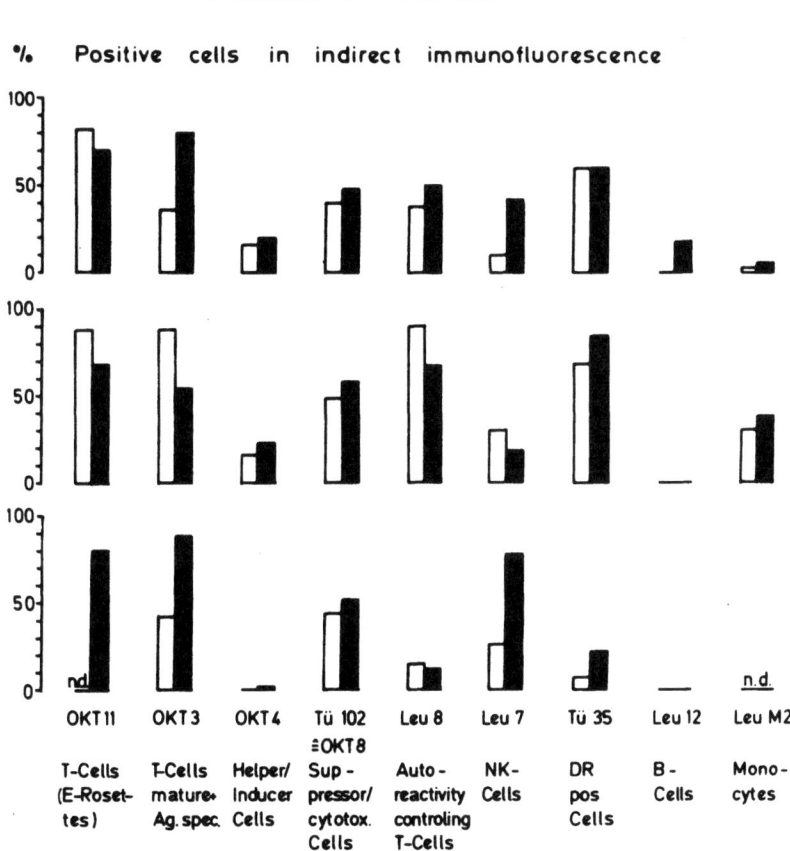

Abb. 2. Oberflächenmarkerprofile von peripheren mononukleären Blutzellen nach Knochenmarktransplantation bei unterschiedlichem klinischem Verlauf von 3 Patienten

mit akuter myeloischer Leukämie wurde eine syngene Knochenmarktransplantation durchgeführt. Erwartungsgemäß kam es zu keiner Ausbildung einer GvHR, eine CMV-Infektion konnte zu keinem Zeitpunkt nach Transplantation nachgewiesen werden. Die Oberflächenmarkerprofile auf peripheren mononukleären Blutzellen zeigten nach Markierung mit monoklonalen Antikörpern eine unauffällige Rekonstitution. Der Patient ist jetzt 580 Tage nach Knochenmarktransplantation, der Karnofski-Index beträgt 100%. Patient Nr. 34 mit akuter myeloischer Leukämie wurde allogen knochenmarktransplantiert. Die Oberflächenmarkerprofile zeigten nach Markierung mit dem monoklonalen Antikörper Leu 12 eine gestörte Rekonstitution der B-Zellen. Helper/Inducer-Zellen, markiert mit OKT 4, waren unauffällig. Der Patient erlitt am Tag 85 post transplantationem eine Pilzpneumonie mit Torulopsis glabrata, die Infektion konnte mit Amphotericin B erfolgreich therapiert werden, der Patient lebt jetzt 594 Tage nach Transplantation mit einem Karnofski-Index von 100%. Der dritte Patient (Nr. 44) entwickelte nach allogener Knochenmarktransplantation wegen AML eine kombinierte ausgeprägte Störung der B- und T-Zellreifung. Eine deutliche Erniedrigung der OKT 4-Helperzellen, eine Erniedrigung der mit Leu 8 markierten T-Zellen sowie eine Erniedrigung der mit TÜ 35 charakterisierten aktivierten T-Zellpopulationen beschreiben die Störung im Bereich der T-Lymphozyten, zusätzlich waren auch die B-Zellen, charakterisiert durch den monoklonalen Antikörper Leu 12, extrem erniedrigt. Bei dieser Patientin kam es ohne Prophylaxe mit Anti-CMV-Hyperimmunglobulin (Patientin der Kontrollgruppe) zu einer foudroyant verlaufenden CMV-Pneumonie, die Patientin verstarb am Tag 65 nach Knochenmarktransplantation. Der Verlauf wurde möglicherweise begünstigt oder sogar induziert durch eine akute GvHR Grad II. Beispielhaft beleuchten die klinischen Verläufe dieser drei Patienten die inzwischen etablierte Notwendigkeit allgemeiner prophylaktischer Maßnahmen gegen eine CMV-Infektion, insbesondere zur Verhinderung einer CMV-induzierten Pneumonie. Hierzu gehören die möglichst geringe Substitution von Granulozyten nach Transplantation [12, 13], wobei insbesondere eine hohe Gefährdung bei seronegativen Patienten besteht. Das Risiko einer CMV-Pneumonie steigt von 13 auf 27% nach Serokonversion nach diesen Daten.

Weitere allgemeine prophylaktische Maßnahmen dürften die oben angegebene GvH-Prophylaxe sein, bei schwerer aplatischer Anämie eine Konditionierung ohne Ganzkörperbestrahlung sowie der Einsatz von Cyclosporin, um durch die schnellere Rekonstitution der Knochenmarkfunktion die Substitution von Blutkomponenten zu erniedrigen.

Trotz dieser allgemeinen prophylaktischen Maßnahme ist die CMV-Pneumonie unverändert eine lebensbedrohliche Komplikation nach Knochenmarktransplantation, z. T. bedingt durch die fehlende Kenntnis der komplexen pathogenetischen Zusammenhänge. Entscheidende Mitbeteiligung haben Grad und Ausmaß der Immunsuppression, Umfang der Histokompatibilität, Fragen zur

Virusquelle (exogen versus Reaktivierung), Anzahl und Zeitpunkt der Exposition von Cytomegalieviren, Ort der Replikation und Art und Ausmaß der Gewebsverletzung durch Chemotherapie und Ganzkörperbestrahlung. Für die Interaktion von GvHR und CMV-Pneumonie hat Zinkernagel [14] eine Hypothese im murinen System entwickelt: Die Fähigkeit von Makrophagen und mononukleären Zellen, mit virusinfizierten Targetzellen zu interagieren, ist abhängig vom Grad der Histokompatibilität. Die Unfähigkeit des Empfängers, mit einer CMV-Infektion fertig zu werden, liegt deswegen nach diesem hypothetischen Modell in einer Inkompatibilität von mononukleären Spendermakrophagen und infizierten Empfängerzellen. Ungelöst ist dabei zusätzlich das Problem der latenten Infektion, sei es Spender- oder Empfängerursprungs. Gestützt wird diese Hypothese durch die bereits erwähnte Tatsache, daß bei syngenen Transplantationen keine CMV-Pneumonien auftreten trotz gleicher CMV-Infektionsgrade, gleicher Serokonversionsrate sowie identischer Konditionierung (Endoxan, Ganzkörperbestrahlung).

Da sich trotz der allgemeinen prophylaktischen Maßnahmen in 10–30% der transplantierten Patienten nach Knochenmarktransplantation eine CMV-Pneumonie entwickelt, sind therapeutische Versuche unternommen worden, manifeste CMV-Infektionen zu behandeln. In Tabelle 4 sind die unterschiedlichen Therapieansätze zur Behandlung manifester CMV-Pneumonien nach KMT zusammengefaßt [15–21]. Sowohl die therapeutischen Versuche mit Chemotherapie (Adenin-Arabinosid, Acyclovir) als auch die Behandlungsversuche mit Leukozyteninterferon bzw. gentechnologisch gewonnenem „recombinant"

Tabelle 4. Behandlungsversuche der CMV-Pneumonie nach Knochenmarktransplantation [3]
IF (H) = Humanes Interferon

Referenz	Therapie	Überlebende/Total	Toxizität
Kraemer	Adenin-Arabinosid	1 / 6	KM-Toxizität > 10 mg/kg/Tag
Meyers	Leukozyten-IF (H)	0 / 8	50%-Reduktion der PMN nach hohen Dosen
Meyers	Leukozyten-IF (H) Adenin-Arabinosid	1 / 7	KM und Neurologisch
Wade	Acyclovir	1 / 8	KM und Neurologisch
Wade	Leukozyten-IF (H)	3 / 13	KM, Neurologisch und Nieren
Winston	„Recombinant" Leukozyten-IF	3 / 5	60% Reduktion der PMN in 4 Patienten
Meyer	„Recombinant" Leukozyten-IF	0 / 5	KM in 1 Patient

Leukozyteninterferon waren enttäuschend. In der Studie von Meyers entwikkelte sich sogar eine CMV-Pneumonie unter der Gabe von Interferon. Therapeutische Versuche mit Hyperimmunglobulin gegen CMV-Virus konnten ebenfalls nur eine limitierte Effektivität nachweisen, Einzelberichte aus Knochenmarktransplantationszentren lassen ebenfalls eine gewisse Beeinflussung erkennen, kontrollierte Studienergebnisse liegen jedoch noch nicht vor und sind mit höherem positivem Resultat nach den bisherigen Erfahrungen auch nicht zu erwarten. Um so wichtiger sind deswegen gezielte prophylaktische Maßnahmen. Versuche einer medikamentösen Prophylaxe mit Adenin-Arabinosid [15] bzw. humanem Leukozyteninterferon [16, 17] zeigten wie bei den therapeutischen Ansätzen auch in der Prophylaxe keine Wirkung. Es traten in beiden Studien identische Raten von CMV-Infektionen und CMV-Pneumonien auf. Gleichermaßen erfolglos war der prophylaktische Einsatz von Acyclovir [19, 22]. In Studien zur Beeinflussung von Herpes simplex-Infektionen trat eine gleiche Rate von CMV-Pneumonien auf, in einer Studie wurden sogar zwei CMV-Pneumonien unter Acyclovir-Prophylaxe beobachtet.

Erfolgreicher erscheint der Einsatz von Anti-CMV-Hyperimmunglobulin zu sein, nachdem Meyers 1982 [23] erstmalig zeigen konnte, daß nach Applikation von Hyperimmunglobulin i.m. eine deutliche Reduktion der CMV-Infektionen bei Patienten nach Knochenmarktransplantation erreicht werden konnte, wenn diese Patienten seronegativ waren und keine prophylaktischen Granulozytentransfusionen erhielten (Abb. 3). Durch 4 weitere Studien anderer Gruppen

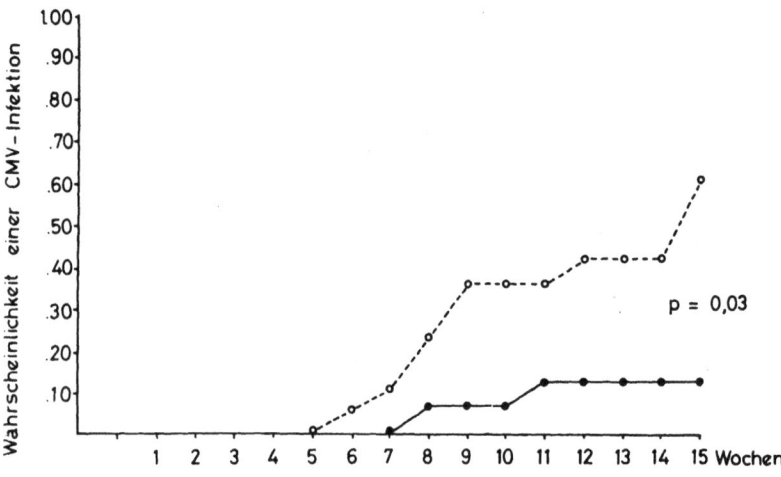

Abb. 3. Wahrscheinlichkeit einer CMV-Infektion nach Knochenmarktransplantation.
○ = Behandelte Patienten
● = Kontrollgruppe
(nach Meyers et al.: Ann. Int. Med. 98, 442ff., 1983)

[24–27] konnte im Anschluß an diese Untersuchung von Meyers nachgewiesen werden, daß durch die prophylaktische Gabe von Anti-CMV-Hyperimmunglobulin bzw. Plasma mit hohem Anti-CMV-Antikörpertiter auch eine Reduktion der CMV-Pneumonien zu erreichen war. Während in den zwei Studien von Winston die CMV-Infektionsrate zwar unbeeinflußt war, konnte jeweils die Zahl von CMV-Pneumonien deutlich gesenkt werden. In der Untersuchung von O'Reilly wurden sowohl Infektionsrate und Pneumonierate positiv beeinflußt, in der Verumgruppe trat nach dieser Untersuchung keine Infektion mit CMV auf. Diese Ergebnisse konnten wir in einer europäischen Gemeinschaftsstudie bestätigen. Nach Randomisation erhielten die Patienten der Verumgruppe 1 ml*Anti-CMV-Hyperimmunglobulin/kg Körpergewicht an den Tagen –7, 13, 33, 53, 73 und 93 nach Knochenmarktransplantation. Die GvHR-Inzidenz war in beiden Gruppen mit 55% identisch. Auch der Nachweis von CMV-Antikörpern prä transplantationem war in beiden Gruppen nicht unterschiedlich. Wie aus Tabelle 5 zu entnehmen ist, trat in der Verumgruppe von 27 Patienten nur eine CMV-Pneumonie auf, in der Kontrollgruppe wurden 6 Patienten von 21 Kontrollpatienten mit einer CMV-Pneumonie diagnostiziert. Der Unterschied war mit $p < 0{,}05$ statistisch signifikant.

Tabelle 5. Einfluß von Anti-CMV-Hyperimmunglobulin/Plasma auf die Inzidenz von CMV-Pneumonie nach Knochenmarktransplantation

	Kontrolle	Globulin	CMV-Globulin/Plasma
1. UCLA (1982)	8/24 (33%)	–	3/24 (13%)
2. UCLA (1983)	6/17 (35%)	–	2/15 (13%)
3. Seattle (1983)	3/32 (9%)	–	2/33 (7%)
ohne Granulozytentransfusion:	1/19 (5%)	–	0/17 (0%)
4. New York (1982)	6/22 (27%)	3/17 (18%)	0/14 (0%)
5. Europ. Studie (1983)	–	6/21 (29%)	1/27 (4%)

Diese Studienergebnisse lassen sich auch durch die Transplantationsergebnisse unseres Zentrums verdeutlichen. Seit Beginn der Studie wurden von unserer Arbeitsgemeinschaft 24 allogene Knochenmarktransplantationen durchgeführt, 20 Patienten haben zum gegenwärtigen Zeitpunkt (5/84) die Transplantation ohne größere Probleme überlebt. Vier Patienten sind verstorben, davon 3 an einer CMV-Pneumonie. Eine Patientin in der Kontrollgruppe verstarb am Tag 65 nach Transplantation (s. o.), die beiden anderen Patienten verstarben am Tag 143 bzw. 246 an einer CMV-induzierten Pneumonie außerhalb des Behandlungszeitraums, der im Rahmen der Studie am Tag 93 endete. Der vierte Patient starb nach syngener Knochenmarktransplantation an einem hämolytisch-urämischen Syndrom.

Faßt man diese Ergebnisse zusammen, so ergibt sich für unsere Transplantationsergebnisse, daß die GvHR ein geringeres Problem darstellt, daß CMV-Pneumonien bei den behandelten Patienten in den ersten 100 Tagen nach Transplantation nicht auftraten und daß möglicherweise die Prophylaxe mit Anti-CMV-Hyperimmunglobulin in den ersten 200 Tagen nach Transplantation durchgeführt werden sollte, nachdem zwei Patienten unserer transplantierten Gruppe außerhalb des Behandlungszeitraums durch eine CMV-Pneumonie verstarben.

In Tabelle 6 sind die Möglichkeiten zur Prophylaxe und Therapie der CMV-Pneumonie nach Knochenmarktransplantation zusammengefaßt. Zum gegenwärtigen Zeitpunkt ist die passive Immunisierung, nachgewiesen durch die vorgestellten 5 prospektiven randomisierten Studien, zweifelsfrei die wirksamste Form, CMV-Pneumonien nach Knochenmarktransplantation zu verhindern. Eine aktive Immunisierung vor Transplantation mit CMV-Vakzine (Towne Strain) führt zwar zur CMV-spezifischer zellulärer Immunantwort [28], die Knochenmarktransplantation beseitigt aber sowohl spezifische als auch unspezifische zelluläre Antworten und beinhaltet zusätzlich die Gefahr einer Reaktivierung, so daß diese Form der Prophylaxe zum gegenwärtigen Zeitpunkt nicht empfehlenswert ist. Eine Chemotherapie mit neuen in der Klinik noch nicht getesteten Substanzen eröffnet möglicherweise in der Zukunft weitere Therapieansätze [29–31]. Die 3 in Tabelle 6 genannten Substanzen sind in vitro sehr effektiv gegen CMV und führen in nicht zytotoxischen Dosen zu einer selektiven Hemmung von Cytomegalievirus.

Tabelle 6. Prophylaxe und Therapie der CMV-Pneumonie nach Knochenmarktransplantation

---

I. Prophylaxe
- Passive Immunisierung
- Aktive Immunisierung
- Chemotherapie

II. Therapie
- Hochdosierte Hyper-Immunglobuline
- Chemotherapie?
  - Dihydroxypropoxymethylguanin, DHPG
  - Fluoroiodoaracytosin, FIAC
  - 2'-nor-2'-deoxyguanosin, 2'NDG

Zusammenfassend läßt sich feststellen, daß die technischen Probleme einer Knochenmarktransplantation gelöst sind, daß aber noch drei Probleme nach Transplantation die Erfolge erheblich beeinträchtigen: Rezidive, GvHR und interstitielle Pneumonien. Für die CMV-induzierten Pneumonien erscheint trotz ungeklärter pathogenetischer Zusammenhänge die Prophylaxe mit Anti-CMV-Hyperimmunglobulin nach den gegenwärtig vorliegenden Daten zweifelsfrei, weitere prospektive randomisierte Studien müssen klären, ob die Dosis reduziert werden kann und welche Dauer der Prophylaxe erforderlich ist, um CMV-Pneumonien weitgehend zu unterdrücken [32–34].

Literatur

1. Buckner CD, Clift RA, Thomas ED, Hersman J, Sanders JE, Stewart PS, Wade JC, Murphy M, Counts G, Meyers JD (1983) Early infectious complications in allogeneic marrow transplant recipients with acute leukemia: effects of prophylactic measures. Infection 11: 243–250
2. Peterson PK, McGlave P, Ramsay NKC, Rhame F, Cohen E, Perry GS, Goldman AJ, Kersey J (1983) A prospective study of infectious diseases following bone marrow transplantation: Emergence of aspergillus and cytomegalovirus as the major causes of mortality. Infect Control 4: 81–81
3. Pinching AJ, Cohen J (1983) Infection in the immunocompromised patient: selected topics in presentation and treatment. Clinics in Immunol and Allergy 3: 305–329
4. Watson JG (1983) Problems of infection after bone marrow transplantation. J Clin Path 36: 683–692
5. Kay HEM, Watson JG, Jameson B, Morgenstern GR, Docoles RL (1983) Infections after bone marrow transplantation using cyclosporine. Transplantation 36: 491–495
6. Bortin MM, Kay HEM, Gale RP, Rimm AA (1982) Factors associated with interstitial pneumonitis after bone marrow transplantation for acute leukaemia. The Lancet I: 437–439
7. Betts RF (1982) Cytomegalovirus infection in transplant patients. Prog Med Virol 28: 44–64
8. Meyers JD, Flournoy N, Thomas ED (1982) Nonbacterial pneumonia after allogeneic marrow transplantation: A review of ten year's experience. Rev Inf Dis 4: 1119–1131
9. Meyers JD, Flournoy N, Thomas ED (1980) Cytomegalovirus infection and specific cell-mediated immunity after marrow transplant. J Infect Dis 142: 816–824
10. Meyers JD, Flournoy N, Wade JC, Hackman RC, McDongall JK, Neiman PE, Thomas ED (1983) Biology of interstitial pneumonia after bone marrow transplantation. In: Recent advances in bone marrow transplantation (Ed. RP Gale). A. R. Liss, New York, 405–423
11. Ostendorf P, Ehninger G, Kallmayer ML, Link H, Schüch K, Wilms K, Müller C, Wernet P, Dopfer H. Niethammer D, Frommhold W, Breitling G, Schneider W, Waller HD, Bone marrow transplantation for acute leukemia in second or subsequent remission. (In Press)
12. Hersman J, Meyers JD, Thomas ED, Buckner CD, Clift R (1982) The effect of granulocyte transfusions on the incidence of cytomegalovirus infection after allogeneic marrow transplantation. Ann Intern Med 96: 149–152
13. Winston DJ, Ho WG, Howell CL, Miller MJ, Mickey RMWJ, Lin CH, Gale RP (1980) Cytomegalovirus infections associated with leukocyte transfusions. Ann Intern Med 93: 671–675
14. Zinkernagel RM (1978) Speculations on the role of major transplantation antigens in cell-mediated immunity against intracellular parasites. Curr Top Microbiol Immunol 82: 113–138

15. Kraemer KG, Neiman PE, Reeves WC, Thomas ED (1978) Prophylactic adenine arabinoside following marrow transplantation. Transplant Proc 10: 237 ff.
16. Meyers JD, McGuffin RW, Neiman PE, Singer JW, Thomas ED (1980) Toxicity and efficacy of human leukocyte interferon for treatment of cytomegalovirus pneumonia after marrow transplantation. J Infect Dis 141: 555 ff.
17. Meyers JD, McGuffin RW, Bryson YJ, Cantell K, Thomas ED (1982) Treatment of cytmegalovirus pneumonia after marrow transplant with combined vidarabine and human leukocyte interferon. J Inf Dis 146: 80 ff.
18. Wade JC, Hintz M, McGuffin RW, Springmeyer SC, Connor JD, Meyers JD (1982) Treatment of cytomegalovirus pneumonia with high-dose acyclovir. Am J Med 73: Suppl. 249–256
19. Wade JC, McGuffin RW, Springmeyer SC, Newton B, Singer JW, Meyers JD (1983) Treatment of cytomegaloviral pneumonia with high-dose acyclovir and human leukocyte interferon. J Infect Dis 148: 557–562
20. Winston DJ, Ho WG, Schroff RW, Bartoni K, Champlin RE, Gale RP (1982) Initial studies of safety and tolerance of recombinant leukocyte A interferon in bone marrow transplant recipients. Presented at the 22nd Interscience Conference on Antimicrobial Agents and Chemotherapy Miami Beach, Fl.
21. Meyers JD, Day LM, Lum LG, Sullivan KM (1983) Recombinant leukocyte a interferon for the treatment of serious viral infections after marrow transplant: a phase I study. I Infect Dis 48: 551–556
22. Meyers JD, Wade JC, McGuffin RW, Springmeyer SC, Thomas ED (1983) The use of acyclovir for cytomegalovirus infections in the immunocompromised host. J Antimicrob Chemother 12: Suppl. B, 181–193
23. Meyers JD, Leszczynski J, Zaia JA, Flournoy N, Newton B, Syndmon DR, Wright GG, Lovin MJ, Thomas ED (1983) Prevention of cytomegalovirus infection by cytomegalovirus immune globulin after marrow transplantation. Ann Intern Med 98: 442–446
24. Winston DJ, Ho WG, Rasmussen LE, Lin CH, Chu CL, Merigan TC, Gale RP (1982) Use of intravenous immune globulin in patients receiving bone marrow transplants. J Clin Immunol 2: Suppl. April, 42S–47S
25. Winston DJ, Pollard RB, Ho WG, Gallagber JG, Rasmussen LE, Huang SN-Y, Lin Ch-H, Gossett TG, Merigan TC, Gale RP (1982) Cytomegalovirus immune plasma in bone marrow transplant recipients. Ann Intern Med 97: 11–18
26. O'Reilly RJ, Reich L, Gold J, Kirkpatrick D, Dinsmore R, Kapoor N, Condie R (1983) A randomized trial of intravenous hyperimmune globulin for the prevention of cytomegalovirus (CMV) infections following marrow transplantation: preliminary results. Transpl Proc 15: 1405–1411
27. Kubanek B, Ernst P, Schäfer U, Ostendorf P, Wolf H: A controlled trial of intravenous hyperimmunglobulin in the prevention of cytomegalovirus infection in bone marrow transplant recipients. (In press)
28. Osborn JE (1981) Cytomegalovirus: Pathogenicity, immunology and vaccine initiatives. J Infect Dis 143: 618–630
29. Colacino JM, Lpez C (1983) Efficacy and selectivity of some nucleoside analogs as anti-human cytomegalovirus agents. Antimicrobial Agents and Chemother 24: 505–508
30. Mar E-Ch, Cheng Y-C, Huang E-S (1983) Effect of 9-(1,3-Dihydroxy-2-Propoxymethyl) guanine on human cytomegalovirus replication in vitro. Antimicrobial Agents and Chemother 24: 518–521
31. Hirsch MS, Schooley RT (1983) Treatment of herpesvirus infections (second of two parts) NEJM 309: 1034–1039

32. Balfour HH (1983) Cytomegalovirus disease: Can it be prevented? Ann Intern Med 98: 544–546
33. Kloft M (1983) Zytomegalie-Virus-Infektion. Neue Möglichkeiten zu Prophylaxe und Therapie. Fortschr Med 101: 1155–1160
34. Winston DJ, Ho WG, Champlin RE, Gale RP (1983) Treatment and prevention of interstitial pneumonia associated with bone marrow transplantation. In: Recent advances in bone marrow transplantation (Ed. RP Gale) A. R. Liss, New York, 405–423

Inzidenz und klinische Bedeutung der Cytomegalievirus (CMV)-Infektion unter Cyclosporin-Therapie

L. A. Castro, W. Land, S. Schleibner, G. Hillebrand, R. Habersetzer

Einleitung

Die Cytomegalie wurde bereits 1904 von Ribbert sowie von Jesionek anhand histologischer Untersuchungen aus Niere, Lunge und Leber verstorbener Neugeborener beschrieben [1, 2] (Abb. 1).
Daß es sich bei dem Erreger um ein Virus handeln könnte wurde viel später diskutiert, bis dann erst 1956 die Isolierung des Virus gelang [3, 4].
Bei vielen Erwachsenen besteht eine latente CMV-Infektion. Sie wird in der Regel erst klinisch manifest bei gleichzeitigem Vorliegen anderer schwerer, konsumierender Erkrankungen, besonders solcher des lymphoretikulären und hämotopoetischen Systems, bei hochdosierter kontinuierlicher cytostatischer Chemotherapie oder unter langdauernder immunsuppressiver Therapie nach Organtransplantation.
Eine primäre CMV-Infektion nach Nierentransplantation ist heute die häufigste Ursache unter den schwerwiegenden infektiösen Komplikationen während der ersten postoperativen 6 Monate. Die diagnostischen Methoden zur Erkennung der CMV-Infektion sind in den letzten Jahren wesentlich verbessert worden, wobei die Bestimmung von spezifischen antiviralen Antikörpern der IgM-Klasse von besonderer Bedeutung ist.
Um die Inzidenz und den Schweregrad der CMV-Infektion bei nierentransplantierten Patienten unter immunsuppressiver Behandlung mit Cyclosporin, den Zusammenhang von CMV-Infektionen und Abstoßung sowie den Einfluß des Antilymphozytenglobulins (ALG) auf das Auftreten und den Verlauf einer CMV-Infektion zu ermitteln, wurden die im folgenden beschriebenen Untersuchungen durchgeführt.

Material und Methoden

Seit 1980 wurden im Rahmen einer prospektiven Studie bei nierentransplantierten Patienten in 14tägigen bis monatlichen Abständen die serologischen auf eine Virusinfektion hinweisenden Verlaufsparameter untersucht.

MÜNCHENER MEDIZINISCHE WOCHENSCHRIFT.

ORGAN FÜR AMTLICHE UND PRAKTISCHE ÄRZTE.

Herausgegeben von

O. v. Angerer, Ch. Bäumler, O. v. Bollinger, H. Curschmann, H. Helferich, W. v. Leube, O. Merkel, J. v. Michel, F. Penzoldt, H. v. Ranke, H. Spatz, F. v. Winckel.

No. 43. 25. Oktober 1904.   Redaktion: Dr. H. Spatz, Arnulfstrasse 26.   Verlag: J. F. Lehmann, Heustrasse 20.   51. Jahrgang.

Originalien.

Aus der k. dermatologischen Klinik des Herrn Prof. Dr. Posselt zu München.

Ueber einen Befund von protozoënartigen Gebilden in den Organen eines hereditär-luetischen Fötus.

Von Dr. Jesionek und Dr. Kiolemenoglou.

Wir haben im Laufe des letzten Sommers Veranlassung gehabt, die inneren Organe eines ab patre hereditär-luetischen 8 monatlichen Fötus einer eingehenden histologischen Untersuchung zu unterziehen und sind bei dieser Gelegenheit auf einen seltsamen Befund gestossen.

Bezüglich der Vorgeschichte unseres Fötus, der makroskopischen und mikroskopischen Veränderungen in den Organen desselben verweisen wir auf eine in dieser Wochenschrift nächstens erscheinende Publikation. Wir haben nahezu sämtliche Organe des Fötus untersucht und in 5 Organen, nämlich in beiden Nieren, in beiden Lungen und in der Leber neben ausgesprochen luetischen Gewebsveränderungen eigenartige zellige Gebilde gefunden, deren Deutung uns grosse Schwierigkeiten verursacht hat und noch verursacht.

Als wir in unseren Nierenpräparaten die seltsamen Gebilde zum ersten Male erblickten, erinnerten wir uns zunächst jener Zellformen, deren Vorkommen in der fötalen Niere in Zusammenhang mit entwicklungsgeschichtlichen Vorgängen u. a. Orø-Hamburger und Hecker betont haben. Allerdings entsprechen unsere Gebilde den in der Literatur uns zugänglichen Schilderungen nicht. An „versprengte Keime" zu denken, speziell an versprengte Nebennierenzellen, verbot uns der Mangel jeglicher Aehnlichkeit hinsichtlich Form und Grösse zwischen unseren Gebilden und zum Vergleich herangezogenen Zellen anderer Organe, speziell der Nebennieren, ein und desselben Fötus. Die Annahme, dass wir es mit spezifisch oder nicht spezifisch degenerierten Nierenepithelien zu tun hätten, mussten wir fallen lassen, als wir ganz ähnliche Gebilde wie in den beiden Nieren in den Lungen und schliesslich auch in der Leber vorfanden.

Dass die Parenchymzellen dreier anatomisch so differenter Organe in ein und derselben Weise einer fremdartigen Degeneration verfallen sollten, erschien uns höchst unwahrscheinlich. Ebensowenig konnten wir uns vorstellen, dass diese da und dort regellos zerstreuten „Zellen" auf Mazerationseinflüsse zurückzuführen seien, ganz abgesehen davon, dass die Mazerationserscheinungen an den Organen unseres Fötus im allgemeinen ziemlich geringfügiger Natur waren. Auch aus der Anordnung der Gebilde innerhalb des Gewebes der verschiedenen Organe mussten wir zu dem Schlusse gelangen, dass sie wohl kaum aus den fixen Gewebeelementen hervorgegangen wären.

In den Nieren trafen wir sie nicht in den Harnkanälchen, nicht in den Glomeruli, auch nicht in den Blutgefässen. Teils einzeln zerstreut, teils in grösseren oder kleineren Gruppen vereinigt liegen die Gebilde regellos inmitten des interstitiellen Gewebes, im Bereich der Rinde hauptsächlich an der Grenze gegen die Markssubstanz, gerade dort, wo die Aeusserungen der luetischen Prozesses an Gefässsystem und am Parenchym die deutlichsten Veränderungen geschaffen haben; aber auch im Marke haben wir vereinzelte Exemplare gefunden. Degenerierte Epithelien der Harnkanälchen, Infiltrationszellen, proliferierende Bindegewebszellen, abgestossene Gefässendothelien bilden das Substrat, in welchem die fraglichen Zellen, wie fremdartige Eindringlinge, eingelagert sind. Am meisten imponieren sie hier, in den Nieren, in ihrer haufenweisen Anordnung: Gruppen von 10 und 20 und 40 ziemlich dicht gedrängten Einzelelementen finden sich in grosser Anzahl. Schon bei schwacher Vergrösserung (Zeiss AA, 2) treten diese „Zellhaufen" deutlich zutage. Manchmal verrät diese haufenweise Gruppierung eine schlauchartige Anordnung und an einzelnen Stellen könnte man sich zu dem Gedanken verleiten lassen, dass die einzelnen Haufen in einer Art Kapsel lägen. Wahrscheinlicher erscheint uns jedoch, dass diese „Kapsel" nichts anderes darstellt als auseinander gedrängte präexistierende Bindegewebsfasern.

Etwas schwerer zu finden sind die einzel gelegenen Gebilde; auch deren Anzahl ist eine nicht geringe.

In den Lungen und in der Leber sind im Verhältnis zum Befund in den Nieren nur wenige Gebilde zu finden. In diesen Organen handelt es sich fast ausschliesslich um einzeln gelagerte Elemente. Gruppierte Anordnung ist hier sehr selten; finden sich Gruppen, so bestehen diese höchstens aus 4 Einzelindividuen. Auch hier ist die Lagerung eine vollkommen regellose inmitten des durch die luetische Affektion in ganz hervorragendem Masse geschädigten Gewebes. Es sei daran erinnert, dass auch in Lungen und Leber die spezifischen Gefässalterationen zu degenerativen Vorgängen am Parenchym geführt haben, welche die normale Struktur der Organe zum grossen Teil gestört haben.

Wir wollen nicht vergessen, ganz besonders hervorzuheben, dass wir in der Lunge, abgesehen vom Interstitium, auch in den Alveolen und in den Bronchien vereinzelte Exemplare unserer Gebilde gefunden haben.

Die Grösse der uns als typisch imponierenden Gebilde schwankt zwischen 20 und 30 μ. Ihre Form ist meist eine ovaläre. Sie sind von einer deutlichen, aber nicht sehr stark tingierten kutikulären Zone umrandet, welche den Eindruck

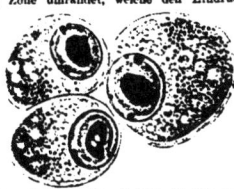

Halbschematische Zeichnung von „Protozoën" aus der linken Niere des Fötus, den Typus der in unseren Präparaten prävalierenden Entwicklungsform repräsentierend.
Zeiss, Oc. 4,
Immers. 1.5 mm. Comp. Oc. 8.

einer Kapsel erregt. Innerhalb der Kapsel fällt ein stets polständiger, sehr deutlicher „Kern" auf, der seinerseits aus einem ungemein scharf pronouncierten „zentralen Kernkörper" und aus zwei echt differenzierbaren Zonen besteht, einer dunkleren Innenzone und einer helleren äusseren Zone. Der ganze Kern erscheint wie von einer Schale nach dem Zellleib hin abgegrenzt. An der Innenseite dieser Schale, also innerhalb der hellen Aussenzone erkennt man kreisrunde, stark gefärbte Körperchen, Körner von verschiedener Grösse; die grössten davon sind 1 μ gross. Der Durchmesser des „Kernes" inklusive der Kapsel ist

Die Basisserologie setzte sich wie folgt zusammen: Titerbestimmung der Komplementbindungsreaktion (KBR) für Herpes simplex Virus (HSV), Varizella-Zoster-Virus (VZV) und Cytomegalievirus (CMV) und einer Bestimmung der IgG-Titer gegen das Epstein Barr Virus (EBV) Capsid Antigen mittels eines Immunfloreszenztest (VCA IgG).

Zu CMV-Diagnostik wurden grundsätzlich folgende Verfahren angewandt: Antikörpernachweis durch KBR, IgM Antikörpernachweis (ELISA) und die Virusisolierung.

Cytomegalieviren werden anhand des cytopathischen Effekts, der sich praktisch nur in der embryonalen Fibroplasten-Zellkultur manifestiert, nachgewiesen. Dabei entsteht ein typisches Bild der befallenen Zellen mit abgerundeter Größenzunahme der Zellmembran und intrazellulärer Anhäufung von stark lichtbrechenden Substanzen. Da sowohl der Nachweis einer CMV-Infektion durch signifikanten Titeranstieg in der KBR und erst recht durch die Virusisolierung einen erheblichen Zeitaufwand von mindestens 2 Wochen erfordert, kann mit Hilfe dieser Parameter die Diagnose erst retrospektiv vorgenommen werden, womit sich aus diesen Bestimmungsmethoden keine sofortige klinische Konsequenz ergibt. Um diesem Dilemma abzuhelfen, wurden zusätzlich die spezifischen CMV Antikörper der IgM-Klasse bestimmt. Ein Titeranstieg der KBR um das vierfache und/oder ein positiver Virusnachweis in der Zellkultur wurde als Beweis für das Vorliegen einer CMV-Infektion angesehen.

Es wurden nur die Patienten berücksichtigt, bei denen die folgenden Kriterien erfüllt waren:
1. Funktionierendes Transplantat in den ersten 3 postoperativen Monaten,
2. regelmäßige serologische Kontrollen über mindestens 3 Monate.

Immunsuppressive Behandlung

Intraoperativ: 500 mg Methylprednisolon i.v., Cyclosporin entweder präoperativ in der Dosis von 17 mg/kg KG oral oder intraoperativ in einer Dosis von 5 mg/kg KG i.v. Die weitere Behandlung erfolgt in absteigenden Dosen von Cyclosporin A (17–25 mg/kg KG im 1., 13 mg/kg KG im 2., dann Reduktion der Dosis monatlich um 2 mg/kg KG bis zu einer Erhaltungsdosis von 6–8 mg/kg KG). Außerdem erhielten alle Patienten eine erniedrigt dosierte Gabe von Methylprednisolon 8 mg/die. Bei evidenter Nephro- bzw. Hepatotoxizität wurde die Cyclosporindosis schrittweise um jeweils 30% reduziert.

Behandlung der Abstoßungskrisen:
1. Abstoßungskrise 3 × 500 mg Methylprednisolon i.v. über 3 Tage. 2. Abstoßungskrise Antilymphozyten-Antithymozytenglobulin 7 Tage plus täglich 120 mg MP i.v.. Gesamtdosis der MP Stoßbehandlung: 3,5 g/Patient.

Ergebnisse

Die serologischen Befunde vor Nierentransplantation („Durchseuchung") sind in Tabelle 1 zusammengefaßt. Bei 91 von 205 Dialysepatienten (44,4%) waren Antikörper gegen CMV innerhalb des Zeitraumes Januar 82–Dezember 83 nachweisbar; dieses Kollektiv diente als Kontrollgruppe für die mit Cyclosporin nach Nierentransplantation im gleichen Zeitraum behandelten Patienten. Bei Untersuchung über die Cytomegaliehäufigkeit in unserem Patientengut von 1979–1981 waren wir seinerzeit zu ähnlichen Ergebnissen (49,5%) gekommen.

Tabelle 1. CMV-Infektion, präoperative Durchseuchung

		Seropositiv	Seronegativ
III/1979–XII/1981	N = 107	53 (49,5%)	54 (50,5%)
I/1982–XII/1983	N = 205	91 (44,4%)	114 (55,6%)

Folgende Ergebnisse ergeben sich anhand der serologischen Verlaufsbeobachtung bei 193 Patienten nach Nierentransplantation und sind in Tabelle 2 dargestellt.

Tabelle 2. Nach Nierentransplantation treten CMV Reaktivierungen häufiger auf als primäre Infektionen ($p = < 0,05$)

N = 193	(21. 2. 1982 bis 31. 12. 1983)	
Seronegativ 104	Primäre Infektion	21
	Keine Änderung	83
Seropositiv 89	Reinfektion	32
	Keine Änderung	57

Bei wiederholten Bestimmungen waren bei 83 Patienten (43%) keine CMV-Antikörper nachweisbar. Ein konstanter positiver CMV-Antikörpernachweis wurde bei 89 Patienten (66,1%) während der gesamten Beobachtungsperiode festgestellt. Von diesem Kollektiv blieben 57 Patienten (64%) während des gesamten Beobachtungszeitraumes klinisch inaktiv.
Eine primäre Infektion wurde bei 21 (20%) der seronegativen Patienten, eine Reaktivierung bei 32 (36%) der seropositiven Transplantatempfänger beobachtet (Tabelle 3). Bei 62% der 53 Patienten mit einer signifikanten Titerbewegung wurde eine klinische Symptomatik deutlich.

Tabelle 3. Primäre Infektionen verlaufen häufiger mit klinischer Relevanz als Reaktivierungen.

CMV Antikörper prä transplantationen	CMV Infektion	Klinische Relevanz
Seronegativ	21 (20%)	18 (80%)*
Seropositiv	32 (36%)	15 (50%)*
Total	53 (27%)	33 (62%)

* $p = < 0{,}02$

In 27% aller Patienten nach Nierentransplantation, die unter Cyclosporintherapie stehen, ließ sich serologisch eine CMV-Infektion nachweisen. Klinische Symptome zeigten 80% der Primärinfektionen und etwa 50% der Reaktivierungen. Die Gefahr einer schwereren d.h. klinisch relevanten Infektion ist daher bei Primärinfektionen eindeutig höher.

Für den Kliniker kann der Beweis einer vermuteten CMV-Ätiologie einer fieberhaften Erkrankung nur durch einen positiven Nachweis des IgM Antikörpers 4–5 Tage nach Beginn der Infektion erbracht werden, da die anderen Bestimmungsmethoden wegen ihres Zeitaufwandes keine *klinische* Konsequenz haben.

Fieber, leichte Ermüdbarkeit und Abgeschlagenheit waren die häufigsten Symptome einer CMV-Infektion, sie bestanden gewöhnlich 7–10 Tage. In einzelnen Fällen hielten sie aber bis 3 Wochen an. Bei den schwereren Verläufen ließen sich remittierende Temperaturen bis 39/40° C im Sinne einer sog. „Pseudosepsis" beobachten. Ein ebenso häufiges Zeichen (56%) für das Vorliegen einer Cytomegaliebedingten Virusinfektion war eine Leukopenie, sie trat meist 1–2 Tage nach Erhöhung der Körpertemperatur auf und war für die Entscheidung, die immunsuppressive Behandlung deutlich zu reduzieren bzw. zu unterbrechen, von Belang.

Ein Drittel der betroffenen Patienten zeigte 6–10 Tage lang eine mäßige Erhöhung der Transaminasen.

In 10% unserer Fälle kam es zu einer pulmonalen Komplikation im Sinne einer bilateral symmetrischen peribronchovaskulären (interstitiellen) Pneumonitis.

Magendarmbeschwerden, die auf eine diffus erosive Gastroenteritis zurückzuführen wären, traten nur in leichter Form vorübergehend bei 5 Patienten auf. Schwerere gastrointestinale Blutungen wurden nicht beobachtet.

Eine Beeinträchtigung der Nierenfunktion wurde bei 68% der Patienten mit einer primären CMV-Infektion beobachtet, dabei muß jedoch berücksichtigt werden, daß in dieser Patientengruppe ein klinisch relevantes Krankheitsbild häufiger zu einer Reduktion bzw. Aussetzen der immunsuppressiven Therapie zwang.

Schwerwiegend war der Befall des zentralen Nervensystems (Encephalitis bei einer Patientin und Netzhaut-Chorioretinitis bei einer Patientin).

Im Vergleich mit einer Gruppe von Patienten, die nach Nierentransplantation zwischen 1979 und 1982 mit Azathioprin und höheren Steroiddosen immunsuppressiv behandelt waren, wurde eine niedrigere Zahl von Reaktivierungen (16,5% gegenüber 28,9%) festgestellt.

Was die primäre Infektion betrifft, so findet sich in beiden Gruppen eine annähernd gleiche Inzidenz (11% gegenüber 8,4%) (Tabelle 4).

Tabelle 4. Primäre Infektionen sind unter Cyclosporin Therapie nicht signifikant häufiger als unter Azathioprin.

		Primäre Infektion	Reaktivierung
Azathioprin-Therapie	107	9 (8,4%)*	31 (28,9%)**
Cyclosporine-Therapie	193	21 (11 %)**	32 (16,5%)**

* N.S.
** p = < 0.05

Von Interesse war fernerhin, inwieweit sich ein Einfluß auf die Transplantatüberlebensrate zeigt. Hier fand sich jedoch nur ein minimaler, nicht signifikanter Unterschied zwischen primärer Infektion und Reaktivierung.

Ebenso wurde die Beziehung von gehäuften CMV-Infektionen und vorausgegangener ALG-Therapie zur Behandlung einer Abstoßungskrise überprüft (Tabelle 5). Hier fand sich eine gehäufte Inzidenz von CMV-Infektionen nach ALG-Therapie.

Tabelle 5. Unter ALG Therapie sind CMV Infektionen signifikant häufiger aufgetreten

	ALG Therapie		Keine ALG	
Infektion	Ja	Keine	Ja	Keine
Seronegativ	11	19	10	64
Seropositiv	15	19	17	38
Total	26	38	27	93

p = < 0.02

Die Primärinfektionen fallen in der Regel durch ein frühzeitiges Auftreten von IgM Antikörpern auf (nach 3–7 Tagen). Der Titeranstieg bei Reaktivierungen vollzieht sich sowohl für IgM als auch für IgG langsamer (nach 6–14 Tagen).

Diskussion

Unter den frühen Komplikationen, die nach Nierentransplantation auftreten, stellt die CMV-Infektion – meist innerhalb der ersten 6 Monate – einen wesentlichen Prozentsatz dar.
Als Ursache ist hier die immunsuppressive Therapie, die insbesondere in den ersten Monaten bei dem gehäuften Auftreten von Abstoßungskrisen in verstärkter Form vorgenommen wird, anzuschuldigen. Obwohl sie häufig leicht verlaufen, gehen sie gelegentlich mit erheblichen klinischen Komplikationen oder Beeinträchtigungen des Transplantates einher.

Zwei verschiedene epidemiologische Formen der CMV-Infektion können definiert werden:
Eine Primärinfektion, bei der bei den Patienten vor Transplantation kein Antikörper nachzuweisen war (11% unserer Kasuistik). In diesem Fall wird die Virusübertragung durch das Transplantat (90%) oder durch Bluttransfusionen (10%) von seropositiven Spendern übertragen [5].
Die zweite Form ist die Reaktivierung oder Reinfektion: Bei diesen Patienten lag bereits ein positiver Antikörper als Hinweis auf eine früher durchgemachte CMV-Infektion vor (16% unseres Kollektivs). Bei nachgewiesener CMV-Infektion fand sich gegenüber dem Vergleichskollektiv eine höhere Kreatininkonzentration.
Vergleicht man die Bedeutung der CMV-Infektionen bei den Leichen-Nierentransplantationen gegenüber den Patienten, die mit einer verwandten Niere (Lebendnierenspende) versorgt wurden, so ergibt sich, daß die Gruppe der Leichennierenempfänger aufgrund ihrer immunologisch schlechteren Ausgangslage mit einem erhöhten Abstoßungsrisiko und damit auch mit einer erhöhten immunsuppressiven Therapie behaftet sind, dies führt naturgemäß zu einer erhöhten Inzidenz von Cytomegalievirus-Infektionen.
Die Anwendung von Antilymphozytenglobulin zusätzlich zu der konventionellen immunsuppressiven Therapie bedingt gleichfalls eine erhöhte Inzidenz klinisch relevanter CMV-Infektionen. Die bisherigen Beobachtungen sprechen hingegen dafür, daß unter Verwendung von Cyclosporin bzw. in der Kombination von Cyclosporin mit niedrigdosierten Steroiden eine Verminderung der Inzidenz an CMV Reaktivierungen erreicht wird; dabei muß allerdings offen bleiben, inwieweit dies auf das geänderte immunsuppressive Prinzip oder auf die verminderte Häufigkeit von Abstoßungsreaktionen zurückzuführen ist.
Der Beweis der Serokonversion bzw. Titeranstieg erleichtert die Diagnosestellung nicht, da sie im Verlauf der Krankheit zu spät auftritt.
Die Virusisolierung ist ebenfalls zu langsam, um so bei Patienten mit CMV-Syndrom und klinischen Zeichen einer Abstoßung eine unnötige Antiabstoßungstherapie zu vermeiden.

Die zur schnelleren Diagnose aus diesem Grund durchgeführten Bestimmungen der IgM-Antikörper (ELISA) konnten die diagnostischen Schwierigkeiten nicht entscheidend verbessern.

Die häufige Verbindung vom CMV und ALG-Therapie bzw. Abstoßungskrisen läßt eine pathogenetische Beziehung vermuten, so daß eine frühe Diagnosestellung angestrebt werden sollte.

Umstritten ist nach wie vor die Frage, ob die CMV-Infektion eine Abstoßung aktiviert oder die Abstoßung bzw. zusätzliche immunsuppressive Therapie (Methylprednisolonpulse/ALG) eine Virusinfektion begünstigt. Das gehäufte Auftreten von CMV-Infektionen und ALG-Therapie bzw. Abstoßungskrisen läßt einen pathogenetischen Zusammenhang vermuten. Die gegenwärtige Vorstellung über den Cyclosporin-Wirkungsmechanismus läßt einen zellulären Effekt erkennen und damit eine evtl. Interaktion mit der Virusinfektion vermuten. Die vorläufigen Erkenntnisse über die zellabhängigen Immunfunktionen in der Entwicklung einer antiviralen Resistenz hängen mit der Beziehung zwischen Immunitätsgrad und -schwere der Infektion zusammen. Die zellvermittelte Immunität scheint bei einer kongenitalen oder erworbenen Immunresistenz der wichtigste Faktor zu Entwicklung und Verlauf einer Virusinfektion zu sein (Tabelle 6).

Tabelle 6. Lymphozyten-Interaktionen mit Viren bzw. virusinfizierten Zellen

1. Einfluß der zellvermittelten Immunität
2. Erniedrigtes Verhältnis von Helfer- zu Suppressorzellen
3. Hemmung der T-Lymphozytenfunktionen
4. Lymphopenie
5. Veränderungen an dem lymphoretikulären Gewebe
6. CMV Persistenz innerhalb der B-Lymphozyten

Kinder mit einer A-Gamma-Globulinämie zeigen eine normale zelluläre Immunreaktion, auch wenn sie unfähig sind, antivirale Antikörper zu synthetisieren. Solche Patienten sind für virale Infektionen nicht besonders anfällig und zeigen u.a. keine Komplikationen nach Varizellenimpfung [6,7].

Demgegenüber verursachen CMV, Herpes simplex und Varizellen bei Kindern mit kongenitalem zellulärem Immundefizit eine schwerwiegende Infektion. Bei diesen Patienten mit Nezelof-Syndrom ist die Antikörpersynthese normal oder minimal vermindert. Wegen der gestörten zellulären Immunantwort zeigen die Virusinfektionen in der Regel einen schwerwiegenden klinischen Verlauf [8]. Das Krankheitsbild der erworbenen Immundefizienz (AIDS) wird ebenfalls als eine Erkrankung verstanden, die mit einem Defekt zellabhängiger Immunvorgänge einhergeht und kann ebenfalls eine derartige Resistenzminderung verursachen [9].

Verschiedene Beobachtungen zeigen, daß die zellvermittelte Immuniät eine Rolle in der klinischen Phase einer viralen Infektion spielen kann. Dies wird tierexperimentell unterstützt durch die Beobachtung, daß virale Infektionen wesentlich agressivere Verläufe bei Tieren, bei denen eine T-Lymphozytendeletion induziert wurde, zeigen.

ALG- oder ATG-vorbehandelte Katzen zeigen bei einer Infektion mit Herpes simplex eine erhöhte Mortalitätsrate. Ebenfalls findet sich eine höhere Mortalität bei Tieren, die als Neugeborene thymektomiert wurden [10, 11].

Weitere Studien deuten darauf hin, daß innerhalb der Lymphozytenpopulation von Tieren während der Erholungsphase nach einer durchgemachten Virusinfektion Zellen nachzuweisen sind, die in der Lage sind, eine antivirale Immunität zu übertragen [12].

Da sich dieser Effekt nur beim Vorhandensein von Makrophagen findet, wurde vermutet, daß die Interaktion zwischen sensibilisierten Lymphozyten und Makrophagen für die Suppression der viralen Replikation von Bedeutung ist [12].

Im Vergleich zu transplantierten Kontrollpatienten zeigten die CMV-Infizierten hinsichtlich ihrer T-Lymphozytensubpopulation ein Verhalten wie es bei viralen Infekten zu beobachten ist, nämlich ein erniedrigtes Verhältnis von T-Helfer- zu T-Suppressorzellen [13].

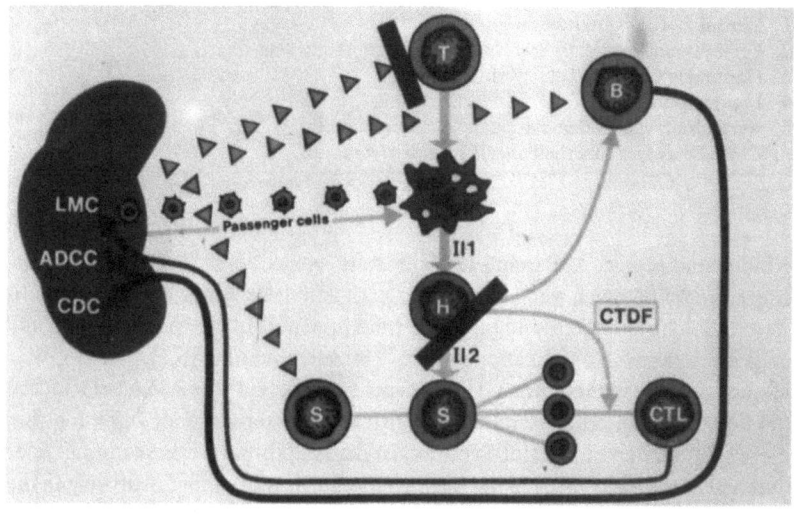

Abb. 2. Gegenwärtige Vorstellung über den Cyclosporin-Wirkungsmechanismus
LMC = Lymphozyten-abhängige Zytotoxizität; ADCC = Antikörper-abhängige zellvermittelte Zytotoxizität; CDC = Komplement-abhängige Zytotoxizität; H = Helfer T-Zelle; B = B-Zelle; S = Suppressor T-Zelle; CTL = Zytolytische T-Lymphozyten; Il I = Interleukin 1; Il II = Interleukin 2.

Da unter einer CMV-Infektion eine Verschlechterung der Nieren- bzw. Transplantatfunktion beobachtet wird und darüberhinaus auch Anhaltspunkte für eine spezifische CMV-induzierte Glomerulopathie [14] bestehen, sollte der Einsatz von spezifischen Antiglobulinen oder antiviralen Substanzen bei Verdacht auf eine CMV-Infektion das Auftreten renaler Funktionsverschlechterung bei Transplantatempfängern verringern [14]. Einen allgemein anwendbaren Impfstoff gegen CMV gibt es bislang noch nicht. Die Entwicklungen des Impfstoffes sind wegen der möglichen Onkogenität der Viren mit einer besonderen Problematik behaftet.

Eine passive Immunisierung mit Immunglobulinen mit hohen CMV Antikörpertitern wird wegen des schleichenden subklinischen Beginns der Erkrankung durch frühzeitige Diagnose möglich. Wenn der Antikörperstatus nicht bereits vor Transplantation überprüft wird, so sollte dies während der ersten Tage nach Transplantation nachgeholt werden. Seronegative Patienten können dann noch mit Hilfe einer passiven Immunisierung geschützt werden. Eine passive Immunisierung mit Immunglobulinen mit hohen Antikörpertitern sollte geeignet sein, die Patienten in der ersten Phase nach Nierentransplantation, die wegen der anfälligen Abstoßungstherapie durch ein hohes Infektionsrisiko ausgezeichnet sind, zu schützen.

Literatur

1. Ribbert H (1904) Über protozoenartige Zellen in der Niere eines syphilitischen Neugeborenen und in der Parotis von Kindern. Zbl allg Path 15: 945–948
2. Jesionik A, Kiolemenoglou B (1904) Über einen Befund von protozoenartigen Gebilden in den Organen eines heriditärluetischen Fötus. Münch med Wschr 51: 1905–1907
3. Rowe WP, Hartley JW, Waterman S, Turner HC, Huebner RJ (1956) Cytopathogenic agent resembling human salivary gland virus recovered from tissue cultures of human adenoids. Proc Soc exp Biol (N.Y.) 92: 418–424
4. Smith MG (1956) Propagation in tissue cultures of a cytopathogenic virus from human salivary gland virus disease. Proc Soc exp Biol (N.Y.) 92: 424–430
5. Rubin RH, Tolkoff-Rubin NE (1982) Viral Infection in the Renal Transplant Patient. Proc EDTA 19: 513–551
6. Janeway CA, Gitlin D (1957) The gamma globulins. Adv Pediat 9: 65–136
7. Good RA, Bridges RA, Candie RM (1960) Host-parasite relationships in patients with disproteinemias. Bact Rev 24: 115–132
8. Harrison's Principles of Internal Medicine. IX. Ed. Seite 329. Editors: Kurt J. Isselbacher et al. McGraw Hill Int. Book Co. 1981
9. Sonnabend J, Steven SW, Purtilo DT (1983) Acquired Immune Deficiency Syndrome, oportunistic infections and malignancies in male homosexuals. JAMA 249: 2370–2374
10. Hirsch MS, Nahmias AJ, Murphy FA, Kramer JH (1968) Cellular immunity in vaccinia infection of mice. Anti-tymocyte serum effects on primary and secondary responsiveness. J exp Med 128: 121–132

11. Mori R, Tasaki T, Kimura G, Takeya K (1967) Depression of acquired resistance against herpas simplex virus infection in neonatally thymectomized mice. Arch ges Virusforsch 21: 459–462
12. Blanden RV (1971) Mechanisms of recovery from a generalized virus infection: mousepox. Passive transfer of recovery mechanisms with immune lymphoid cells. J exp Med 133: 1074–1089
13. Schooley RT, Hirsch MS, Colvin RB, Cosimi B, Tolkoff-Rubin NE, McCluskey TR, Burton RC, Russell PS, Herrin JT, Delmonico FL, Giorgi JV, Henle W, Rubin RH (1983) Association of herpesvirus infections with T-lymphocyte-subset alterations glomerulopathy, and oportunistic infections after renal transplantation. N Engl J Med 308: 307–313
14. Richardson WP, Colvin RB, Cheeseman SH, Tolkoff-Rubin NE, Herrin JT, Cosimi B, Collins AB, Hirsch MS, McCluskey RT, Russell PS, Rubin RH (1981) Glomerulopathy associated with cytomegalovirus viremia in renal allografts. N Engl. J Med 305: 57–63

Erste Erfahrungen mit der prophylaktischen Anwendung von CMV-Hyperimmunglobulin bei Nierentransplantationen im Rahmen einer prospektiven Studie

S. Schleibner, L. A. Castro, W. D. Illner, W. Land

Infektionen mit Cytomegalieviren sind eine häufig beobachtete Komplikation nach Organtransplantationen. Die Infektion kann bekanntlich als Primärinfektion oder als Reaktivierung eines nach abgelaufener Erstinfektion im Körper verbliebenen Virus auftreten.
In beiden Fällen stellt eine CMV-Infektion ein ernstes Problem dar, da sie den Transplantationserfolg, wenn nicht das Leben des Patienten, gefährden kann. Bei der Suche nach Möglichkeiten der Prophylaxe bzw. Therapie von CMV-Infektionen nach Nierentransplantation werden mehrere Wege beschritten. Zu nennen sind hier vor allem die aktive sowie die passive Immunisierung, die Anwendung antiviraler Medikamente und der Einsatz von Interferonen.

Am Transplantationszentrum München wird seit 1983 im Rahmen einer prospektiven Studie der prophylaktische Einsatz eines i.v.-applizierbaren Cytomegalie-Hyperimmunglobulins erprobt. Die Patienten, die an dieser Studie teilnehmen, werden nach Randomisierung der Testgruppe („Verumgruppe") oder der Kontrollgruppe zugeteilt.
Die Patienten der Verumgruppe erhalten das Hyperimmunglobulin in einer präoperativen und max. 5 postoperativen Dosen als i.v. Kurzinfusion. Die Applikation erfolgt in Abständen von 2–3 Wochen, die prophylaktische Dosis beträgt 1 ml/kg Körpergewicht.
Die Patienten der Kontrollgruppe erhalten keine prophylaktischen Immunglobuline. (Allerdings haben wir uns die Möglichkeit offengehalten, bei klinisch schweren CMV-Infektionen jederzeit auf die therapeutische Gabe des Immunglobulins zu wechseln.)
Das immunsuppressive Schema, die prä- und postoperative Überwachung und Therapie waren in beiden Gruppen gleich.
Zur Diagnostik von Infektionen wurden regelmäßig Antikörper gegen CMV-Viren bestimmt.
Zur Titration der IgG- bzw. IgM-Antikörper standen uns die Komplementbindungs-Reaktion bzw. der Enzymimmunoassay zur Verfügung.
Die Virusdiagnostik wurde am Max-von-Pettenkofer-Institut der Ludwig-Maximilians-Universität München durchgeführt.

Die Diagnose einer CMV-Infektion wurde aus einem 4fachen Titeranstieg bzw. dem Nachweis von Antikörpern der IgM-Klasse gestellt.

Patienten, bei denen (bei wiederholter Testung) keine IgG-Antikörper nachweisbar waren, wurden als seronegativ betrachtet.

Bei allen Patienten wurden neben dem klinischen Status bei stationären und ambulanten Untersuchungen Kontrollen des Blutbildes, der Retentionswerte, der Serumenzyme, ggf. des Thoraxbildes durchgeführt.

Bei einer Bestandsaufnahme im Dezember 1983 befanden sich je 10 Patienten in der Verum- und in der Kontrollgruppe. Die Beobachtungszeiträume lagen zwischen 4 und 10 Monaten vom Zeitpunkt der Transplantation an gerechnet. Die Patienten der Testgruppe hatten 2–6 Applikationen des CMV-HIG erhalten. Die Daten der Patienten werden in der folgenden Tabelle 1 wiedergegeben. In beiden Gruppen befinden sich je 9 Patienten mit guter Transplantatfunktion, in jeweils einem Fall kam es im Beobachtungszeitraum zu einem immunologischen Transplantatverlust.

Tabelle 1.

Verumgruppe

Pat.	CMV-Status präop.	Serokonv. bzw. sign. Titeranst.	AR	ALG	Tr-Verlust	Kreatinin
L.B.	–	–	–	–		2,2
H.Z.	–	–	–	–		2,2
G.W.	+	–	–	–		2,6
W.H.	–	–	+	–		1,8
F.H.	+	+	+	+	2 Mon.	
G.L.	–	–	–	–		1,6
X.H.	–	–	+	+		1,6
K.V.	–	–	–	–		2,0
L.W.	–	–	–	–		1,8
W.Z.	–	–	–	–		1,1

Kontrollgruppe

Pat.	CMV-Status präop.	Serokonv. bzw. sign. Titeranst.	AR	ALG	Tr-Verlust	Kreatinin
T.R.	–	–	–	–		3,4
S.M.	–	–	–	–		1,8
B.S.	+	–	+	–	10 Mon.	
G.W.	+	+	–	–		1,5
H.T.	–	–	+	–		0,9
S.W.	+	+	+	+		2,4
F.R.	–	–	+	–		1,6
L.H.	+	+	–	+		1,6
W.K.	–	–	+	–		1,4
E.H.	–	–	–	–		1,5

Todesfälle ereigneten sich in keiner der beiden Populationen.
Abstoßungskrisen wurden in 3 bzw. 4 Fällen diagnostiziert; in jeweils 2 Fällen machte die Abstoßungsreaktion den Einsatz von Antilymphozyten-Globulin notwendig.
In der Testgruppe kam es zu einer, in der Kontrollgruppe zu 3 CMV-Infektionen.
Alle Infektionen wurden bei Patienten mit präoperativ nachweisbaren Antikörpern beobachtet; in unserer Diktion handelt es sich also um Re-Infektionen bzw. Reaktivierungen.
Die Symptome der CMV-Infektionen werden in Tabelle 2 genauer ausgeführt.

Tabelle 2. Symptome der CMV-Infektionen in einer CMV-HIG-Studie

Verumgruppe

Pat.	Art d. Infekt.	Zeit nach Transpl.	Fieber	Leukopenie	Funktion	klin. Schweregrad
F.H.	Sek.	2 Mon.	+	+	0	1–11

Kontrollgruppe

Pat.	Art d. Infekt.	Zeit nach Transpl.	Fieber	Leukopenie	Funktion	klin. Schweregrad
G.W.	Sek.	3. Mon.	–	–	sehr gut	0
S.W.	Sek.	2. Mon.	+	+	0	I–II
L.H.	Sek.	2. Mon.	+	+	verschlechtert	I

3 von 4 diagnostizierten Infektionen verliefen mit der klassischen Symptomatologie: Fieber und Leukopenie; bei einer Infektion wurden keinerlei Symptome beobachtet.
Hepatische oder pulmonale Beteiligung war in keinem Fall festzustellen. Bei einem Patienten korrelierte das Auftreten der Infektion zeitlich mit einer Funktionsverschlechterung des Transplantats.
Bei der geringen Patientenzahl in beiden Fallgruppen scheint mir trotz der ermutigenden Ergebnisse ein Urteil über Erfolg oder Mißerfolg der Hyperimmunglobulin-Prophylaxe verfrüht. Lassen Sie mich stattdessen einige Beobachtungen referieren, die für den Kliniker und den Mikrobiologen von Interesse sein könnten:
1. Die Anwendung des i.v. applizierbaren CMV-HIG ist unter stationären wie ambulanten Bedingungen (für Arzt und Patient) problemlos.
2. Unverträglichkeitsreaktionen traten nicht auf.

3. Die i.v. Gabe des CMV-HIG interferierte nicht mit der serologischen Diagnostik; insbesondere zeigte der empfindliche IgM-ELISA-Test keine Reaktion auf die HIG-Applikation, d.h. keine „falsch positiven" Reaktionen.

Unser Interesse wird sich in Zukunft speziell einer Patientengruppe widmen, die wir aufgrund unserer Erfahrungen als Hochrisiko-Gruppe einstufen, was Schwere bzw. Häufigkeit der CMV-Infektionen betrifft. Es sind dies:
1. seronegative Patienten, die Organe seropositiver Spender erhalten.
2. Patienten, bei denen im Rahmen einer Anti-Abstoßungstherapie der Einsatz von Antilymphozyten-Globulin notwendig wird.

Mit Zuversicht erfüllen uns die Erfahrungen, die wir bisher mit dem therapeutischen Einsatz des CMV-HIG bei serologisch nachgewiesener CMV-Infektion gemacht haben. Der therapeutische Einsatz betrifft 3 Patienten, die nicht an der prospektiven Studie teilnahmen. Diesen Patienten wurde zur Therapie einer klinisch schwer verlaufenden CMV-Infektion das CMV-HIG in der therapeutischen Dosis von 2 ml/kg KG verabreicht. Einen dieser Fälle möchte ich kurz darstellen:

Eine 39jährige Patientin kam in der 5. Woche nach erfolgreicher Nierentransplantation mit hohem Fieber und schlechtem AZ erneut zur stationären Aufnahme.

In den folgenden Tagen entwickelte sich das Bild einer schweren CMV-Infektion mit pseudoseptischen Temperaturen, Leukopenie, Hepatitis und interstitieller Pneumonie. IgM-Antikörper gegen CMV waren mit einem Titer von 1:160 nachweisbar; Infektionen anderer Ätiologie konnten ausgeschlossen werden.

Unsere Therapie bestand
a) im Absetzen der Glucocorticoide und einer vorübergehenden Reduktion der Cyclosporin-Dosis von 10 auf 4 mg/kg Körpergewicht
b) in der Applikation von CMV-Immunglobulin in der Dosis von 2 ml/kg Körpergewicht an 5 Tagen

Unter dieser Therapie kam es innerhalb von 7 Tagen zur konstanten Entfieberung sowie zur Normalisierung des Blutbildes, der Serumenzyme und des Thoraxröntgenbildes. Eine Abstoßungskrise trat nicht auf. Die Patientin konnte 14 Tage nach Aufnahme bei gutem Allgemeinzustand und mit gleichbleibend guter Transplantatfunktion wieder aus der stationären Behandlung entlassen werden.

Sollten sich unsere günstigen Erfahrungen mit dem i.v. applizierbaren CMV-HIG im prophylaktischen Einsatz an einer größeren Population bestätigen, so ist damit dem in der Transplantationsmedizin tätigen Arzt ein Präparat in die Hand gegeben, das problemlos in der Handhabung und von minimaler Toxizität ist.

Für die Praxis der Nierentransplantation stellt ein solches Präparat mit Sicherheit einen Fortschritt dar.

Cytomegalieprophylaxe mit Cytotect bei Kindern unter immunsuppressiver Therapie

V. Gerein

Cytomegalieerstmanifestationen sowie eine Aktivierung latenter CMV-Infektionen bei Kindern unter zytostatischer Therapie wirken sich negativ auf den Behandlungserfolg einer Tumorerkrankung aus. Die CMV-Durchseuchung bei Kindern mit Leukämie und Lymphomen hat im Laufe der letzten 5 Jahre in unserem Patientengut um rund 20% zugenommen. Während 1978 das Verhältnis CMV-seropositiv zu CMV-seronegativ noch 2:3 betrug, wurde das Verhältnis bis 1982 genau umgekehrt und eine weiter steigende Tendenz wird erwartet. Noch bedeutsamer in diesem Zusammenhang ist die Beobachtung, daß sich der Anteil klinisch manifester CMV-Infektionen allein von 1980 bis 1982 um das Dreifache erhöht hat. Eine kausale Therapie gibt es bis heute für CMV-Infektionen noch nicht. Es hat bis in die letzte Zeit kein Mittel gegeben, das eine Reaktivierung der latenten Cytomegalie bei Patienten unter zytostatischer Therapie hätte verhindern können. Eine ausschließliche Verwendung von Blut und Blutbestandteilen von seronegativen Spendern ist in der Praxis bei einer Spenderdurchseuchung von 50–75% nicht erreichbar, genauso wie eine Trennung der seronegativen von den seropositiven Patienten mit Virusausscheidung.
Einen zuverlässigen Impfstoff für eine aktive Immunisierung gibt es bis heute nicht. Es ist auch sehr zweifelhaft, ob Patienten unter Immunsuppression eine ausreichende Immunität gegen CMV entwickeln können. Die passive Immunisierung mit den handelsüblichen polyvalenten 7-S-Immunglobulinpräparaten ist unzureichend, da sie zu niedrige CMV-Antikörper enthalten.
Seit einiger Zeit steht uns ein intravenös anwendbares Anti-CMV-Hyperimmunglobulinpräparat (Cytotect®, BIOTEST) zur Verfügung. Die intravenöse Verträglichkeit dieses Präparates wurde durch Behandlung mit β-Propiolacton erreicht. Es enthält mindestens 50 E/ml neutralisierende Antikörper gegen Cytomegalievirus. Der ELISA-IgG-Titer ist mindestens 1:50000 (Tabelle 1).

Tabelle 1. Cytotect® (Cytomegalie-Immunglobulin i.v.)

1 ml enthält:	
Protein	max. 110 mg
davon Immunglobulin (IgG human)	mind. 95%
Antikörpergehalt gegen Cytomegalie	mind. 50 E
ELISA (IgG)	$\geq$ 1:50000

Ab Oktober 1982 haben wir die passive CMV-Immunisierung in das Therapieprotokoll für Leukämiepatienten (ALL und AML) aufgenommen, die bei allen neu ankommenden Kindern durchgeführt wird (Abb. 1). Die zwei Hauptziele der Studie sind die Überprüfung der Verträglichkeit und insbesondere der Wirksamkeit des Anti-CMV-IgG-Präparates.

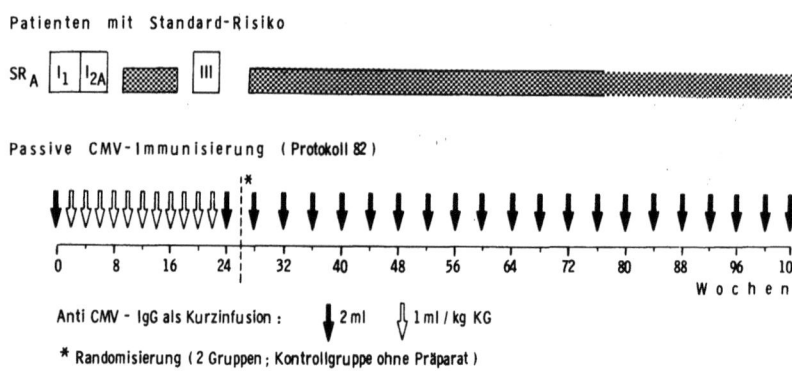

Abb. 1. ALL-Therapiestudie „BFM 81"

Unmittelbar nach der Diagnosesicherung, in jedem Fall aber vor der ersten Bluttransfusion, werden 2 ml/kg und danach in Zweiwochen-Abständen 1 ml/kg des Anti-CMV-Präparates Cytotect als Kurzinfusion verabreicht. In der Dauertherapie wird eine Randomisierung durchgeführt. Die Verumgruppe erhält einmal im Monat eine Dosis von 2 ml/kg Cytotext, die Kontrollgruppe erhält kein Immunglobulin-Präparat.

In die Studie sind bis Januar 1984 36 Kinder aufgenommen worden. Sieben von ihnen waren schon vor der Passiv-Immunisierung Anti-CMV-positiv.

Wie die Untersuchungen gezeigt haben, erreicht man durch die Substitution einen 5fachen Titeranstieg im ELISA-Test. Vor der nächsten Substitution wurde bei den meisten Patienten noch ein positiver Titer gefunden.

Ergebnisse und Diskussion

Keines dieser passiv immunisierten Kinder hat während der Beobachtungszeit eine klinisch manifeste CMV-Infektion oder einen IgM-Anti-CMV-Titer entwickelt. Eine Reaktivierung einer latenten CMV-Infektion wurde in keinem der Fälle während der Intensivtherapie beobachtet (Tabelle 2). Über das Ergebnis der Prophylaxe in der Dauertherapie läßt sich, wegen der nicht ausreichenden Patientenzahlen in beiden Randomisierungszweigen, keine Aussage machen.

Tabelle 2. Passive Immunisierung gegen CMV bei Kindern mit ALL und NHL

	n	
Gesamtzahl	36	
IgG pos. Anti-CMV-Titer (vor Immunisierung)	36	(7)
IgM pos. Anti-CMV-Titer (vor Immunisierung)	0	(0)
Klin. Manifeste CMV-Infektion unter passiver Immunisierung	0	(0)

Ernsthafte Nebenwirkungen bei der i.v.-Verabreichung des Anti-CMV-Hyperimmunglobulinpräparates wurden nicht beobachtet.

Zusammenfassung

1. CMV-Infektionen bei immunsupprimierten Kindern sind häufig und beeinflussen die Prognose.
2. Blut und Blutbestandteile kommen für die CMV-Übertragung häufig in Betracht.
3. Passive Immunisierung mit Cytotect® konnte im Beobachtungszeitraum die Manifestierung oder Aktivierung der Cytomegalie während der Intensivtherapie bei leukämie- und lymphomkranken Kindern verhindern.

Literatur

1. Silverghid AJ and Kott TO (1983) Impact of Cytomegalovirus Testing on Blood collection Facilities. Vox Sang 44: 102–105
2. Gerein V, Kornhuber B, Differentialdiagnose der Hepatosplenomegalie bei immunsupprimierten Kindern (Publikation in Vorbereitung)

Varizella-Zoster-Immunglobulin bei immundefizienten Patienten

M. Lakomek, W. Tillmann

Durch Einführung hochwirksamer Zytostatika, Entwicklung neuer chemotherapeutischer Konzepte und Fortschritte in Operationstechnik und Strahlentherapie konnten in den vergangenen 15 Jahren wesentlich verbesserte Erfolge in der Behandlung akuter Leukämien und maligner Tumoren des Kindesalters erzielt werden. Die zunehmend intensive und gleichzeitig aggressive zytostatische Therapie führt zu einer erheblichen Schwächung der körpereigenen Abwehrmechanismen, welche meist zuerst an einer Granulozytopenie erkennbar wird. Darüberhinaus wird sowohl die humorale als auch die zelluläre Immunität supprimiert. Entsprechend einer Zusammenstellung von Levine [1] sind 69% der Todesfälle bei Leukämien und malignen Lymphomen im Kindesalter durch eine Infektion und weitere 10% durch eine mit einer Hämorrhagie verbundene Infektion bedingt. In der Häufigkeit führen die bakteriellen vor Pilz- und Virusinfektionen. Während die bakteriellen Infektionen in unserem Krankengut durch intensive antibiotische Prophylaxe und frühzeitige Behandlung fieberhafter Infektionen mit Breitbandantibiotika beherrschbar zu sein scheinen [2], stellen virale Infektionen, und hier besonders das Varizella-Virus, noch ein ernstes Problem dar.

Varizellen-Infektionen verlaufen bei immunsupprimierten Patienten in einem erheblichen Prozentsatz letal (Tabelle 1). Die wesentlichen Todesursachen resultieren aus einer viszeralen Beteiligung von Lunge, Leber, Pankreas und ZNS.

Tabelle 1. Letalität an Varizellen bei immunsupprimierten Patienten ohne bzw. bei zu spät einsetzender Expositionsprophylaxe*

Finkel, 1961 [3]	6/13	= 46%
Geiser et al., 1975 [4]	2/14	= 14%
Hattori et al., 1976 [5]	32/106	= 32%
Feldman et al., 1977 [6]	4/60	= 7%
Eigene Patienten, 1973–80	3/7	= 43%

* mehr als 72 Stunden nach Exposition

Im Hinblick auf die, auch im eigenen Krankengut, erhebliche Letalität der Varizellen-Infektionen haben wir an der Universitäts-Kinderklinik Göttingen schon sehr früh bei fraglicher Varizellen-Exposition eine Prophylaxe mit Zosterimmunplasma (ZIP) durchgeführt. Das Zosterimmunplasma wurde von Patienten gewonnen, die gerade eine Zosterinfektion durchgemacht hatten. Die Dosis betrug 7–10 ml/kg i.v., wobei nur Immunplasma mit einem Titer von mindestens 1:512 in der Komplementbindungsreaktion verwendet wurde. Um den Wert der ZIP-Prophylaxe zu dokumentieren, haben wir retrospektiv – von 1973 bis Juni 1980 – 65 Patienten mit akuten Leukämien bzw. Lymphosarkomen, 7 Patienten mit Morbus Hodgkin sowie 56 mit soliden Tumoren im Hinblick auf Inzidenz und Verlauf an Varizellen-Infektionen ausgewertet.

Unsere retrospektive Auswertung ergab, daß 8 von 65 Patienten mit akuten Leukämien bzw. Lymphosarkomen während der Zytostatikatherapie an Varizellen erkrankt waren, in der Gruppe mit Morbus Hodgkin dagegen kein Patient und in der Gruppe mit soliden Tumoren nur ein Patient.

Tabelle 2. Verlauf der Varizellen-Erkrankung nach Expositionsprophylaxe mit Zosterimmunplasma (ZIP)

Patient Alter (Jahre)	Grunderkrankung	viszerale Beteiligung	Gabe von ZIP (h)	Klin. Verlauf
1 (6)	Teratoblastom	–	72–96	milde
2 (2)	ALL	Leber, ZNS	72–96	schwer
3 (8)	ALL	–	72–96	milde
4 (5)	ALL	Lunge	48–72	mittel
5 (7)	ALL	–	48–72	milde
6 (9)	ALL	Leber	–	Exitus
7 (6)	ALL	Lunge, Leber	72–96	schwer
8 (10)	ALL	Lunge, ZNS, Leber	–	Exitus
9 (12)	ALL	Leber	–	Exitus

In Tabelle 2 sind der Verlauf der Varizellen-Infektionen sowie der Zeitpunkt der ZIP-Gabe nach bekanntgewordener Exposition zusammengestellt. Wie die Tabelle zeigt, stellen Patienten mit ALL die größte Risikogruppe für Varizellen-Infektionen dar. In dieser Gruppe verliefen 3 von 8 Infektionen letal. Alle 3 Patienten hatten keine Expositionsprophylaxe mit Zosterimmunplasma erhalten, da trotz sorgfältiger Aufklärung der Eltern die Exposition nicht bekannt war. Wie aus den Auswertungen weiterhin geschlossen werden kann, scheint auch eine relativ spät einsetzende Expositionsprophylaxe (später als 72 bis höchstens 96 Stunden) vor einem letalen Ausgang zu schützen.

Tabelle 3 zeigt, daß lediglich eine Varizellen-Infektion in der intensiven Induktionsphase der Chemotherapie auftrat, alle übrigen Infektionen dagegen in der Remissionsphase. Auffällig ist, daß die 3 verstorbenen Patienten zum Zeitpunkt

Tabelle 3. Chemotherapiephase, Lymphozytenzahl und klinischer Verlauf der Patienten vor Einführung von VZIG

Patient	Therapie-phase	Lymphozyten pro mm^3	Vorerkrankung an Varizellen	Klin. Verlauf
1	Remission	1550	–	milde
2	Remission	1700	–	schwer.
3	Remission	2400	+	milde
4	Remission	450	–	mittel
5	Remission	1200	–	milde
6	Induktion	500	–	Exitus
7	Remission	700	–	schwer
8	Remission	100	–	Exitus
9	Remission	200	–	Exitus

der zu vermutenden Exposition Lymphozytenzahlen unter 500 Zellen/mm^3 hatten, als Ausdruck der supprimierten zellulären Immunität. Damit stellt eine niedrige Lymphozytenzahl, auch nach Meinung anderer Autoren, einen erheblichen Risikofaktor für Verlauf und Prognose der Varizellen-Infektion dar.

Während die Bereitstellung von ausreichenden Mengen an ZIP in der Vergangenheit häufig schwierig und organisatorisch aufwendig war, stand uns seit Juli 1980 glücklicherweise ein Varizella-Zoster-Immunglobulin (VZIG[1]) in ausreichender Menge zur Verfügung. Den Wert der VZIG-Gabe haben wir, ebenfalls retrospektiv, an einer Gruppe von 114 onkologischen Patienten im Zeitraum von Juli 1980 bis Dezember 1983 untersucht, die im einzelnen folgende Grunderkrankungen aufwiesen:

66 Fälle mit akuter Leukämie bzw. Lymphosarkom, 5 Erkrankungen an Morbus Hodgkin und 43 Fälle solider Tumoren.

Tabelle 4 zeigt die Inzidenz von Varizellen- und Zoster-Infektionen während der Polychemotherapie und VZIG-Expositionsprophylaxe dieser Patienten. Da in allen Fällen die Varizellenexposition bekannt wurde, konnte die Expositionsprophylaxe mit VZIG rechtzeitig durchgeführt werden. Während letale Verläufe durch die Gabe von VZIG verhindert werden konnten, gelang es jedoch

Tabelle 4. Inzidenz von Varizellen und Herpes zoster bei Patienten während Polychemotherapie und VZIG-Expositionsprophylaxe

Grunderkrankung	Varizellen	%	Herpes zoster	%
Akute Leukämie und Lymphosarkome	5/66	8	2/66	3
Morbus Hodgkin	0/5	0	0/5	0
Solide Tumoren	1/43	2	1/43	2

1 Gammaprotect® Varizellen als i.m.-Präparat bzw. ab 1982 Varitect als zusätzliches i.v.-Präparat

nicht, die Inzidenz an Varizellen entscheidend zu verringern. Hervorzuheben ist jedoch, daß der klinische Verlauf bei allen Patienten, mit Ausnahme eines Falles, der etwas schwerer verlief, als milde einzustufen war. Nur bei zwei der sechs Patienten kam es zu einer viszeralen Beteiligung, in einem Fall der Lunge und des Pankreas, im anderen Fall der Leber. Fünf der Varizellen-Infektionen traten in der Remissionsphase der an ALL erkrankten Patienten auf. Sicherheitshalber erhielten vier dieser Patienten zusätzlich Acyclovir über 5 Tage in einer Tagesdosis von 30 mg/kg. In keinem Fall traten innerhalb von 24 Stunden neue Effloreszenzen auf. Die Lymphozytenzahlen aller an Varizellen erkrankten Patienten lagen zwischen 550 bis 700 Zellen/mm^3, womit sich der Risikofaktor „Lymphozytopenie" auch in dieser Gruppe von retrospektiv untersuchten Patienten bestätigte. Unsere Untersuchungen zeigen, daß sowohl durch den Einsatz von ZIP als auch durch den Einsatz von VZIG der letale Verlauf einer Varizellen-Infektion verhindert werden kann, wenn die Prophylaxe bei bekanntgewordener Exposition rechtzeitig eingesetzt wird. Da wahrscheinlich in einem Teil der Fälle der Zeitpunkt der Exposition nicht genau festgelegt werden kann, gehen wir davon aus, daß die Expositionsprophylaxe in diesen Fällen manchmal erst relativ spät einen entsprechenden Antikörperschutz aufbaut. Dies erklärt, daß Varizellen-Infektionen durch eine Expositionsprophylaxe allein nicht völlig verhindert werden können. Entsprechend ist die Inzidenz an Varizellen-Infektionen beider retrospektiv untersuchten Gruppen noch in etwa 5%.

Um das Auftreten einer Varizellen-Infektion weitestgehend ausschalten zu können, haben wir bei der Gruppe von 65 Patienten mit akuten Leukämien bzw. Lymphosarkomen prospektiv im Zeitraum von Juli 1980 bis Dezember 1983 eine Dauerprophylaxe mit VZIG durchgeführt. Die Dauerprophylaxe wurde für einen Zeitraum von mindestens 6 Monaten während der intensiven Induktions- und Reinduktionsphase der Zytostatika-Therapie eingesetzt. Verwendet wurden jeweils alle 4 Wochen die Präparate Gammaprotect® Varizellen i.m. in einer Dosis von 0,2 ml/kg bzw. Varitect® in einer Dosis von 1 ml/kg i.v. Erfreulicherweise trat während dieser Dauerprophylaxe keine Varizellen- oder Zoster-Infektion mehr auf.

Da jede Varizellen-Infektion, die aufgrund einer reinen Expositionsprophylaxe nicht völlig ausgeschlossen werden kann, zu einer Unterbrechung der intensiven Chemotherapie für mindestens 2–3 Wochen führt, halten wir im Hinblick auf die Prognose der Grunderkrankung inzwischen eine Dauerprophylaxe mit VZIG während der gesamten Phase der zytostatischen Therapie bei Patienten mit akuten Leukämien und Lymphosarkomen – auch unter Berücksichtigung der nicht unerheblichen weiteren Kosten – für durchaus gerechtfertigt. Zusätzlich zu dieser Dauerprophylaxe muß, in Übereinstimmung mit allen Autoren, bei einer Exposition mit Varizellen, die aus dem Umfeld des Patienten erfolgt, sicherheitshalber eine Auffrischung mit VZIG innerhalb von 48 Stunden durchgeführt werden. Wichtig ist in diesem Zusammenhang, daß auch eine frühere, vor Beginn der malignen Erkrankung aufgetretene Varizellen-Infektion nicht sicher gegen eine erneute Varizellen-Infektion bzw. eine u. U. generalisierte, schwere Zoster-Infektion schützt. Von einem sicheren Schutz gegen eine erneute Varizellen-Infektion kann nur dann ausgegangen werden, wenn ein entsprechender Immunstatus regelmäßig durch aufwendige Bestimmungen nachgewiesen werden kann, wie z. B. durch einen Fluoreszenzantikörpertest gegen Membranantigen oder einen Immunadhäreszenzhämagglutinationstest. Beide Methoden stehen z. Z. nur in wenigen Speziallaboratorien zur Verfügung, so daß wir bisher auf die regelmäßige Durchführung dieses Tests verzichtet haben.

Weiter stellt sich die Frage, in wieweit auch Patienten mit soliden Tumoren und aggressiver Chemotherapie in die VZIG-Dauerprophylaxe mit einbezogen werden sollen. Hier sollte unserer Meinung nach bei der Entscheidung der Risikofaktor Lymphozytopenie berücksichtigt werden. Bei Lymphozytenzahlen unter 500 Zellen/mm^3 sollte eine vorübergehende Dauerprophylaxe während der Phase der aggressiven Chemotherapie eingesetzt werden, während in allen anderen Fällen eine ausschließliche Expositionsprophylaxe ausreichend erscheint.

Noch erwähnt werden soll, daß die Frage der aktiven Immunisierung z. Z. im Mittelpunkt des Interesses steht. Doch da eine Reihe von Problemen, wie z. B. die Sicherheit des Impfschutzes bei immunsupprimierten Patienten oder das Herausschieben des Infektionszeitpunktes in ein späteres Lebensalter, noch nicht endgültig gelöst sind, halten wir die routinemäßige Anwendung einer aktiven Immunprophylaxe für noch verfrüht.

Literatur

1. Levine AS, Schimpff SC, Graw RG, Young RC (1974) Hematologic malignancies and other marrow failure states: Progress in the management of complicating infections. Semin. Hematol. 11: 141–202
2. Tillmann W, Prindull G, König R, Bornscheuer A, Weigel W (1983) Sepsisverdacht bei leukämischen Kindern: Erfahrungen mit einer Kombination aus Cefotaxim und Gentamicin. Fortschritte der antimikrobiellen und antineoplastischen Chemotherapie Bd. 2–1, S. 117–122
3. Finkel KC (1961) Mortality from varicella in children reveicing adrenocorticosteroids and adrenocorticotropin. Pediatrics 28: 436
4. Geiser CF, Bishop Y, Myers M, Jaffe N and Yankee R (1975) Prophylaxis of varicella in children with neoplastic disease: Comparative results with zoster immune plasma and gamma globulin. Cancer 35: 1027
5. Hattori A, Ihara T, Iwasa T, Kamiya H, Sakurai M, Izawa T, Takahashi M (1976) Use of live varicella vaccine in children with acute leukemia or other malignancies. Lancet II: 210
6. Feldman S, Hughes WT and Daniel CB (1975) Varicella in Children with Cancer: Seventy-Seven-Cases. Pediatrics Bd. 56, 388

Zur Sicherheit der Varizellenprophylaxe bei Malignompatienten

V. Gerein

Bei Kindern mit bösartigen Erkrankungen unter zytostatischer Therapie verlaufen die sonst meist harmlosen Varizellen schwer, öfters mit Pneumonien, die bei 50% der Kinder einen tödlichen Ausgang haben. Seit Anfang der 70er Jahre wurden Immunglobuline, später Hyperimmunglobuline, zur Varizellenprophylaxe eingesetzt [1, 2]. Von Juni 1975 bis Januar 1984 sind in unserer Klinik 453mal Varizella/Zoster Hyperimmunglobuline (Gammaprotect Varizellen®, 15 mg IgG/ml) nach Varizellenkontakt an immunsuppressiv behandelte Kinder gegeben worden. 432mal erfolgte die Zufuhr i.v., 21mal i.m. In 6 Fällen sind trotzdem Windpocken aufgetreten. Die Gründe, die zum Versagen der Prophylaxe führten, lassen sich beschreiben (Tabelle 1).

Einer von 21 Patienten, denen das Präparat i.m. verabreicht wurde, ist mit dem erkrankten Geschwisterkind weiter in Kontakt geblieben und entwickelte zwei Wochen nach dem Erstkontakt schwere Varizellen mit Pneumonie. Der Patient hat diese Varizellenpneumonie überstanden, die zytostatische Therapie mußte aber für eine lange Zeit unterbrochen werden.

Tabelle 1. Varizellenprophylaxe durch Gammaprotect Varizellen® bei Inkubanden unter immunsuppressiver Therapie

Zahl der inkubierten Patienten	Dosierung des Varizellen-Hyper-immunglobulins	Applikations-art	Isoliert vom Erkrankten	Ergebnis der Prophylaxe
416	0,2 ml/kg	i.v.	ja	100%
21	0,2 ml/kg	i.m.	20 ja (1 nein)	bei (1) schwere Windpocken mit Pneumonie
12	0,1 ml/kg	i.v.	ja	bei 2 leichte Varizellen
4	0,2 ml/kg	i.v.	nein	3 leicht 1 mittelschwer
In jedem Fall der Erkrankung ist eine Unterbrechung der zytostatischen Therapie notwendig gewesen				

Bei 12 Inkubierten wurde das Varizella/Zoster Immunglobulin unterdosiert (0,1 ml/kg KG), da eine ausreichende Menge nicht vorhanden war. Bei 2 von 12 inkubierten Kindern traten leichte Varizellen auf.

In 4 Fällen ist Gammaprotect Varizellen® i.v. verabreicht worden mit der Dosierung 0,2 ml/kg KG innerhalb von 72 Stunden. Aus sozialen Gründen konnten alle 4 von den erkrankten Geschwistern nicht getrennt werden und erkrankten, eines mäßig schwer und die restlichen drei nur leicht. Diese Beobachtung läßt den Schluß zu, daß man mit Gammaprotect Varizellen® einen sicheren Schutz erzielen kann, wenn man das Präparat ausreichend dosiert, innerhalb von 72 Stunden intravenös infundiert und den Inkubanden von an Varizellen Erkrankten trennt.

Literatur

1. Kornhuber B, Kropp H, Ribeiro-Ayeh J, Hinderfeld D und Welte K (1982) Zur Sicherheit der Varizellenprophylaxe mit Varizellen-Zoster-Immunglobulin, Monatsschr Kinderheilkd 130: 27–29
2. Kornhuber B, Kropp H, Ribeiro-Ayeh J (1980) Varizellen-Prophylaxe während immunsuppressiver Therapie. Klin Pädiat 192: 154–156

Passiv/aktive Immunisierung gegen Hepatitis B: Stand der klinischen Erfahrungen und Anwendungsempfehlungen

R. Müller

Als vorbeugende Maßnahmen gegen die Virushepatitis B stehen heute zwei immunprophylaktische Möglichkeiten zur Verfügung: Die passive Gabe von Hyperimmunglobulin und die in der Bundesrepublik Deutschland vor 3 Jahren zugelassene Hepatitis B-Schutzimpfung.

Beide Verfahren haben unterschiedliche Indikationen, können sich aber ergänzen. Die Prophylaxe mit Hepatitis B-Immunglobulinen wurde zuerst eingeführt, nachdem man erkannt hatte, daß Anti-HBs der protektive Antikörper ist, den Gammaglobulinpräparationen in unterschiedlicher Konzentration enthalten können. In den Jahren 1972–1978 wurden solche Gammaglobulinpräparate in zahlreichen Studien zur prä- und postexpositionellen Prophylaxe eingesetzt. Ihre Ergebnisse waren nicht einheitlich. Die Ursachen hierfür waren die Verwendung von Präparaten mit unterschiedlich hohen Antikörper-Titern und die Gabe von verschiedenen Dosen zu wechselnden Zeitpunkten.

Alle Studien sind aus ethischen Gründen ohne Placebokontrollen geführt worden. Als ihr Ergebnis darf festgestellt werden, daß Gammaglobulinpräparate mit einem hohen Anti-HBs-Gehalt (Titer > 1:100000) eine HBV-Infektion für einen Zeitraum von 4–6 Monaten verhindern kann, wenn die Gabe unmittelbar nach der Exposition erfolgt. Auf diese Erfahrung gründen sich die heute allgemein anerkannten Empfehlungen, nach parenteralem oder Schleimhautkontakt zu HBV-infiziertem Material, Hepatitis B-Immunglobulin zur Verhütung einer Virushepatitis B einzusetzen. Eine Hepatitis B-Immunglobulin-Injektion ersetzt allerdings nicht die aktive Schutzimpfung. Sie sollte heute mit ihr simultan angewandt werden, da bekannt ist, daß die aktive Antikörperbildung durch die Gabe von Hepatitis-B-Immunglobulin nicht unterdrückt wird.

Grundlagen für die Entwicklung der Hepatitis B-Vaccine waren neben der Aufklärung der biochemischen Struktur und der immunologischen Eigenschaften des Hepatitis B-Virus die Erkenntnis, daß das Oberflächenantigen des Erregers als nicht infektiöses Überschußmaterial von Hepatitis B-Virus infizierten Hepatozyten in das Blut abgegeben wird und der durch dieses Antigen induzierte Antikörper vor einer Infektion schützt. Es lag somit nahe, das Hüllprotein des Hepatitis B-Virus aus menschlichem Serum zu isolieren und damit eine Totvaccine herzustellen. Eine solche aus menschlichem Serum hergestellte

Vaccine mußte absolut sicher sein und sollte eine möglichst hohe Immunigenität und Effektivität besitzen. Die immunogenen Eigenschaften der Hepatitis B-Vaccine sind am leichtesten überprüfbar, sie sind aber bislang das schwierigste Problem der Hepatitis B-Vaccine. Sowohl in Tierversuchen an Meerschweinchen und Schimpansen als auch bei Freiwilligen lassen sich mit dem Hepatitis-B-Impfstoff hohe Anti-HBs-Spiegel induzieren. Nach dreimaliger Impfung bilden immunologisch gesunde Personen über 95% Anti-HBs. Weniger gut reagieren allerdings immunsupprimierte Patienten. Abbildung 1 zeigt die Ergebnisse einer Multicenterstudie aus Zürich, Mainz, München und Hannover an chronischen Hämodialysepatienten. Die Anti-HBs-Serokonversionsrate von 253 Patienten lag hier nur knapp über 60%, während die mitgeimpften gesunden Kontrollpersonen die übliche Ausbeute zeigten. Noch geringer waren die Serokonversionsraten bei nierentransplantierten Patienten unter Immunsuppression, bei denen wir in Hannover nur in 16% eine Serokonversion erzielen konnten, während in Zürich bei 32% Anti-HBs-Induktion erreicht wurde.

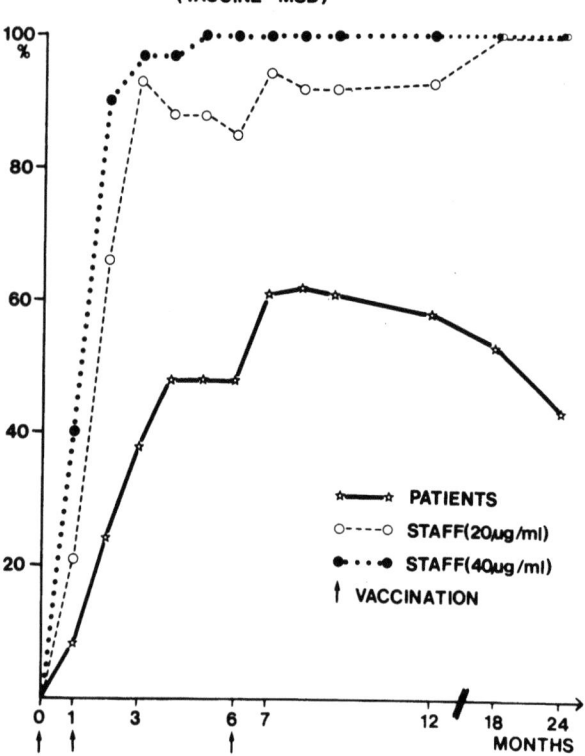

Abb. 1. Anti-HBs-Serokonversionsraten bei hämodialyse-Patienten und gesunden Personen nach Hepatitis B-Schutzimpfung

Zur Frage der Effektivität erwähne ich hier nur die bekannte Studie von Szmuness und Mitarbeitern an Homosexuellen in New York. In der Gruppe der Impflinge war sowohl die Frequenz der Hepatitis B-Virus-Infektionen als auch die Zahl der Hepatitis B-Erkrankungen hochsignifikant niedriger als in der Kontrollgruppe. Die Tatsache, daß auch bei Geimpften gelegentlich Hepatitis B-Infektionen auftraten, ist einerseits darauf zurückzuführen, daß die Impfung bei diesen Personen in die Inkubationsphase einer Hepatitis B-Infektion fiel, die zum Zeitpunkt der Impfung serologisch noch nicht erkannt werden konnte, andererseits bleibt ein kleiner Teil der Impflinge Non-Responder und damit empfänglich für eine Hepatitis B-Virus-Infektion.

Vorrangige Bedeutung scheint die Hepatitis B-Impfung auch für die Prophylaxe des hepatozellulären Karzinoms besonders in Regionen mit hoher HBs-Antigen-Prävalenz wie in schwarz-afrikanischen und asiatischen Ländern zu erlangen, da Maupas und Mitarbeiter zeigen konnten, daß durch die aktive Hepatitis B-Impfung bei Kindern nicht nur für eine gewisse Zeit Immunität erzeugt wird, sondern auch ein HBs-Antigen-Trägerstatus vermieden werden kann.

In bezug auf die Sicherheit der Hepatitis B-Vaccine möchte ich zunächst feststellen, daß der von Hilleman und Mitarbeitern entwickelte Impfstoff pepsinverdaut, harnstoffbehandelt und 72 Stunden lang bei 36°C mit Formalin in einer Verdünnung von 1:4000 inaktiviert wurde. Es gibt kein bekanntes Virus, das diese Behandlung überstehen würde.

Dennoch wurden Verunreinigungen mit verschiedenen Fremdviren diskutiert, die mit dem Impfstoff hätten übertragen werden können, wie das Hepatitis B-Virus, der mit dem Delta-Antigen assoziierte Erreger, das HTL-Virus, die Herpes-Viren, das Cytomegalie-Virus, Epstein-Barr-Virus und oder die Erreger der Non-A, Non-B-Hepatitis. Man kann bei den heute vorliegenden Impferfahrungen davon ausgehen, daß diese Infektionen durch die Impfung nicht übertragen werden. Es blieb die Frage offen, ob der vermutete Erreger eines AIDS übertragen wird. Auch diese Frage hat die Zeit geklärt. Wir dürfen heute nach dreijähriger Erfahrung, in Amerika sogar nach vierjähriger Erfahrung, sagen, daß von den bisher verwendeten Impfstoffchargen kein AIDS-Risiko ausging. Nachuntersuchungen an über 4000 Homosexuellen, denen die Probanden der Impfstudie von Szmuness und Mitarbeiter entstammten, haben gezeigt, daß von 826 geimpften Homosexuellen 0,24% an einem AIDS erkrankt waren, während von 3646 nicht geimpften Homosexuellen im gleichen Beobachtungszeitraum 0,44% ein AIDS entwickelt hatten. In einer gleichartigen Studie des CDC wurde unter 250 geimpften Homosexuellen kein AIDS-Fall beobachtet, während in der nicht geimpften Gruppe von über 5000 Homosexuellen 30 Personen (0,5%) an AIDS erkrankten. Aus Bevölkerungsgruppen mit niedrigem Risiko für AIDS ist nach einer Hepatitis B-Impfung bislang kein Fall einer AIDS-Erkrankung bekannt geworden.

Danach dürfen wir davon ausgehen, daß der Impfstoff auch im Hinblick auf ein AIDS sicher ist.

Nebenwirkungen sind selten und gering. Es können Fieber sowie Schmerzen und Rötung an der Einstichstelle auftreten.

Trotz dieser Erfahrungen erhobene Sicherheitsbedenken könnten allerdings durch einige zusätzliche Verbesserungen bei der Gewinnung des Rohmaterials, wie dem ausschließlichen Einsatz von gesunden Dauerspendern oder der Einführung einer Plasmaquarantäne vor Freigabe des Plasmas zur Impfstoffherstellung, entkräftet werden.

Nach den Empfehlungen des Immunisierungsausschusses der Deutschen Vereinigung zur Bekämpfung der Viruskrankheiten und der ständigen Impfkommission des Bundesgesundheitsamtes sind folgende Personengruppen vorrangig gegen Hepatitis B zu impfen:

- Hepatitis B-gefährdetes medizinisches und zahnmedizinisches Personal.
- Dialysepatienten, Patienten mit häufiger Übertragung von Blut oder Blutbestandteilen, vor ausgedehnten chirurgischen Eingriffen.
- Patienten in psychiatrischen Anstalten oder vergleichbaren Fürsorgeeinrichtungen für Cerebralgeschädigte oder Verhaltensgestörte, einschließlich des Pflegepersonals.
- Personen mit engem Kontakt zu Hepatitis B-Virus (HBs-Ag positive Personen), Neugeborene von Hepatitis B-positiven Müttern.
- Besondere Risiko-Gruppen wie Prostituierte, Homosexuelle, Drogenabhängige und länger einsitzende Strafgefangene.
- Reisende in Hepatitis B-Endemiegebiete.

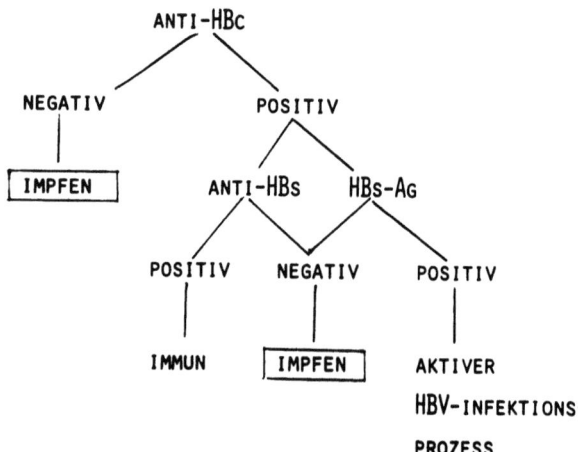

Abb. 2. Empfohlene Untersuchungen zur Feststellung der Immunitätslage vor Hepatitis B-Schutzimpfung

Vor einer Impfung sollte festgestellt werden, ob die betreffende Person empfänglich oder bereits immun ist. Hierfür eignet sich zunächst eine Anti-HBc-Bestimmung (Abb. 2). Anti-HBc-negative Personen sollen geimpft werden. Bei positivem Anti-HBc-Befund ist das Untersuchungsspektrum durch eine Anti-HBs und HBs-Antigenbestimmung zu ergänzen. Ist eines dieser Merkmale positiv, dann liegt entweder Immunität oder eine aktive Hepatitis-B-Infektion vor. In beiden Fällen ist die Impfung nutzlos. Bei isoliertem Anti-HBc-Befund ist die Immunitätslage unsicher. Wir empfehlen in solchen Fällen die Impfung.
Nach einer Hepatitis B-Impfung sollte festgestellt werden, ob der Impfling Antikörper gebildet hat. Vier Wochen nach der dritten Impfung empfiehlt sich daher die Durchführung einer Anti-HBs-Bestimmung.
Bei Non-Respondern (5–8 % aller Impflinge) kann eine vierte Impfung versucht werden. Bei einem Teil dieser Personen erreicht man dann doch noch eine Serokonversion nach Anti-HBs (Tabelle 1). Der größere Teil bleibt aber Anti-HBs-negativ und damit empfänglich für eine Hepatitis B-Infektion.

Tabelle 1. Serokonversionsraten nach vierter Hepatitis-B-Impfung bei Non-Respondern

Gruppe	n	Anti-HBs-positiv geworden	Non-Responder geblieben
Hämodialyse Patienten	12	1 (8%)	11
Nierentransplant.-Pat.	36	4 (11%)	32
Personal	9	5 (56%)	4

Alle Personen die Schleimhaut- oder parenteralen Kontakt zu HBV-infizierten Materialien hatten und nicht immun oder geimpft sind, sollen heute simultan aktiv-passiv geimpft werden. Aktive Impfung und passive Gabe von Hepatitis-B-Immunglobulinen sind am besten sofort nach der Exposition durchzuführen. Hepatitis B-Immunglobulin-Injektionen nach einem Intervall von mehr als 48 Stunden nach der Exposition sind nutzlos. Die Dosis sollte 0,05 bis 0,1 ml pro kg KG betragen. Eine zweite Injektion von Hepatitis B-Immunglobulin kann 4–6 Wochen nach der ersten Gabe folgen, wenn zwischenzeitlich kein Anti-HBs gebildet wurde.
Die Simultanimpfung sollte vor allem auch bei Neugeborenen von HBs-Antigen-positiven Müttern eingesetzt werden, weil sie die Infektion auf ihre Kinder übertragen können. Da die Prophylaxe der Kinder am besten am Geburtstag erfolgt, sollte die HBs-Antigen-Bestimmung in die Schwangerschaftsvorsorgeuntersuchung aufgenommen werden. Wir haben in Hannover bei über 10 000 Schwangeren 88 HBs-Antigen-positive Frauen gefunden, die meisten waren Ausländerinnen, wobei anteilmäßig der größte Teil HBe-Antigen-positiv war. Die Kinder dieser Mütter sind durch eine perinatale Hepatitis B-Infektion am meisten gefährdet.

Die Dauer des Impfschutzes nach aktiver Hepatitis-B-Vaccination wird vom Hersteller mit etwa 5 Jahren angegeben.
Nach unseren Erfahrungen dürfte diese Spanne zu hoch bemessen sein. Die Schutzschwelle von Anti-HBs (10 mIU/ml) war in unseren Untersuchungen bei gesunden Probanden durchschnittlich schon nach 36 Monaten erreicht. Bei älteren Personen würden wir daher empfehlen, bereits 3 Jahre nach der ersten Impfung eine Anti-HBs-Bestimmung durchzuführen, um zu prüfen, ob ein noch ausreichender Anti-HBs-Titer Schutz gewährt. Bei Personen mit hohem Anti-HBs-Ausgangstiter, wie er vielfach bei Jugendlichen und Kindern festgestellt werden kann, könnte die Schutzschwelle vielleicht erst nach 5 Jahren oder später unterschritten werden.
Trotz des durch die Impfung hervorgerufenen und in hohem Maße überzeugenden Schutzes vor einer Hepatitis B-Virusinfektion dürfte der heute verwendete Impfstoff als Interimsvaccine anzusehen sein. Als Alternativen bieten sich prinzipiell folgende Möglichkeiten an:
– Die Herstellung von HBs-Ag-Polypeptidvaccinen, solche Vaccinen sind an Meerschweinchen bereits erprobt.
– Die Gewinnung von HBs-Ag aus Zellinien.
– Die Herstellung von synthetischen Peptiden mit HBs-Antigenität.
– Die Produktion von HBs-Ag mit Hilfe gentechnologischer Methoden in Bakterien und Hefen sowie
– Rekombination von Hepatitis B-Virus mit Vaccinia-Virus, das HBs-Ag exprimiert. Kaninchen und Meerschweinchen, die mit Hepatitis B-Vaccinia-Hybridviren infiziert wurden, haben Anti-HBs gebildet.

Gentechnologisch hergestellte Impfstoffe wären gegen Sicherheitsbedenken gefeit und könnten in beliebiger Menge hergestellt werden. Sie dürften die heutigen Impfstoffe in naher Zukunft ablösen.

Intravenöse passive Immunisierung und simultane Impfung gegen Hepatitis B bei Kindern mit Multitransfusionsbehandlung

C. Rosendahl

Seit August 1982, ist der Impfstoff gegen Hepatitis B (H-B-Vax®, Behring und Hevac B Pasteur®, Labaz) für den deutschen Markt zugelassen und frei erhältlich. Das intravenös applizierbare Hepatitis B Immunglobulin (Hepatect®, Biotest) ist seit März 1983 vom Paul-Ehrlich-Institut zugelassen, so daß für eine schonende passiv-aktiv-Immunisierung Hepatitis B gefährdeter Multitransfusions-Patienten alle Voraussetzungen erfüllt sind. Vom Bundesgesundheitsamt wird in seinen Mitteilungen vom September 1982 [1] die Impfung für diese Patienten als besonders gefährdete Personengruppe ausdrücklich empfohlen.

Bundesgesundhbl. 25 Nr. 9 September 1982

19. Sitzung der Ständigen Impfkommission des Bundesgesundheitsamtes

[Ergänzung; s. Bundesgesundhbl. 25 (1982) 170–171]

Aktive Immunprophylaxe der Hepatitis B

A. Personengruppen, für die eine HB-Impfung vorrangig angezeigt ist:
1. HB-gefährdetes medizinisches und zahnmedizinisches Personal;
2. Dialysepatienten, <u>Patienten mit häufiger Übertragung von Blut oder Blutbestandteilen,</u> vor ausgedehnten chirurgischen Eingriffen (z. B. Operationen unter Verwendung der Herz-Lungen-Maschine);

Abb. 1

Im September 1983 wurde daher an den beiden Kinderkliniken der Münchener Ludwig-Maximilians-Universität mit der Immunisierung eines bestimmten Kollektivs aus diesem Personenkreis begonnen. Es handelt sich um Kinder mit *Thalassämie* und anderen Formen von *transfusionspflichtigen Anämien*.

Die Krankheitsgruppen und ihre Besonderheiten sollen kurz charakterisiert und dann die Impfstudie vorgestellt werden.

Der Thalassämie [2] liegt eine chromosomale Störung zugrunde, die zur Folge hat, daß bestimmte Hämoglobinketten nicht oder unzureichend gebildet werden. Es ist eine autosomal erbliche Erkrankung mit unterschiedlichen Schweregraden hypochromer, mikrozytärer Anämie, je nach Zusammensetzung des vorhandenen Hämoglobins. Bei den meisten heterozygoten Formen sind keine Transfusionen nötig. Bei den homozygoten Formen – hier ist die häufigste die β-Thalassämie (Thalassaemia major) – kommt es bereits im Säuglingsalter zu chronischer Anämie mit schwerer Mangelentwicklung, starker Infektanfälligkeit, Vergrößerung der blutbildenden Organe und schließlich – bei Nichtbehandlung – Tod im ersten Lebensjahr.

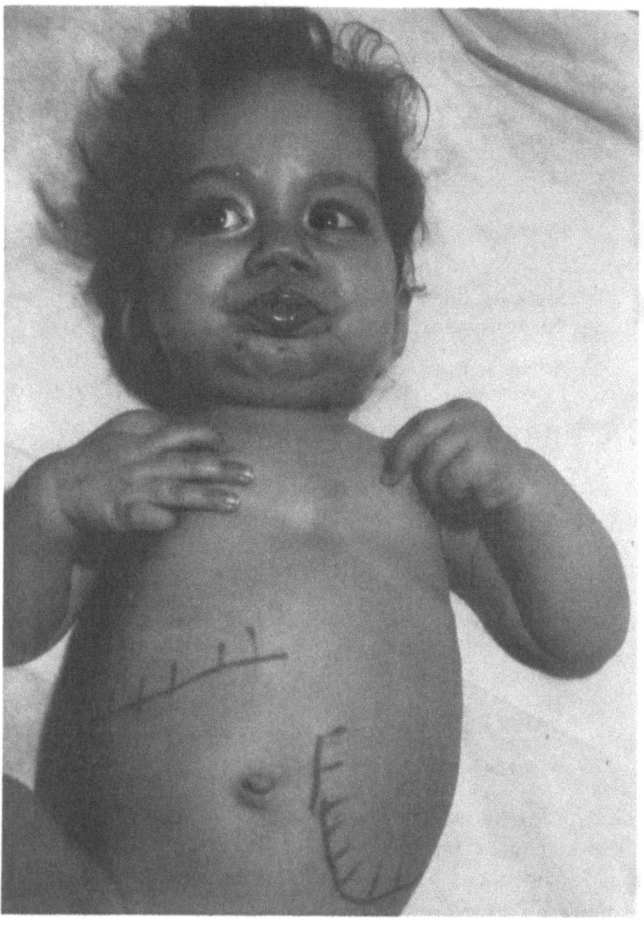

Abb. 2

Abb. 2 zeigt ein 8 Monate altes Kind mit bisher unbehandelter β-Thalassämie. Mit der Erkenntnis, daß eine *Hyper*transfusionsbehandlung die Anämiefolgen mildert und den Kindern zu einer annähernd normalen Entwicklung verhilft, ging man in den letzten Jahren dazu über, auf Hämoglobinwerte von 10–12 mg% „hoch"- zu transfundieren. Dadurch, und auch durch neue serologische Nachweismethoden traten Transfusions-Nebenwirkungen umso deutlicher in Erscheinung: die Eisenüberladung (Siderose) und die Serumhepatitiden B und NANB.

Epidemiologische Studien aus den klassischen Thalassämieländern Italien und Griechenland [3, 4] zeigen die wesentlich höhere Hepatitis B Inzidenz bei diesen Patienten und darüber hinaus die erhöhte, durch das Zusammentreffen mit der Lebersiderose bedingte Gefahr der Zirrhose.

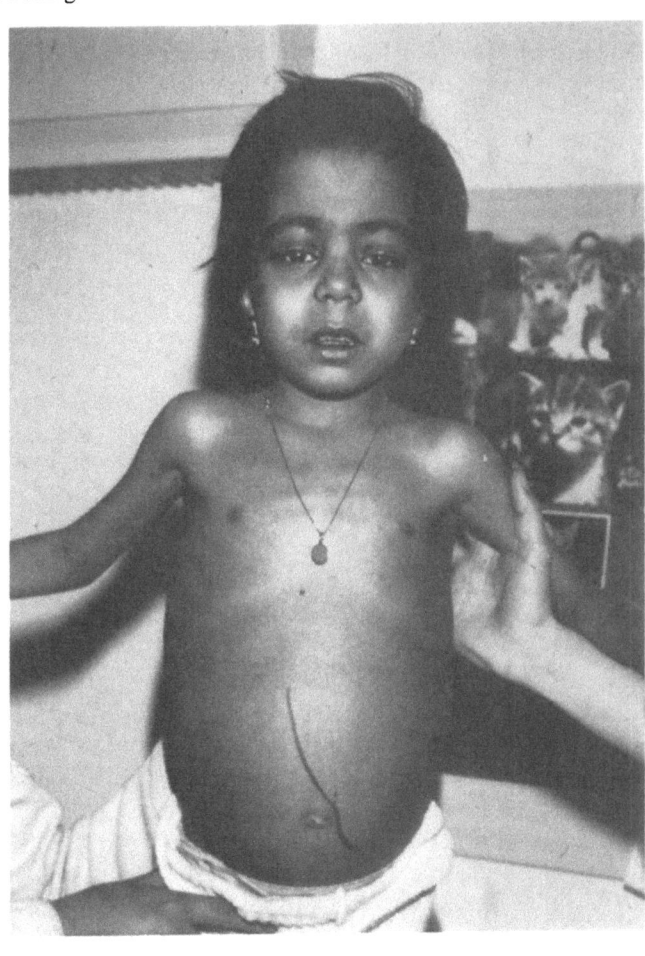

Abb. 3

Abb. 3 zeigt ein 7jähriges Mädchen mit Thalassämie. Hier sind der Minderwuchs und die erhebliche Organvergrößerung deutlich zu erkennen. Dies Kind hat bereits eine Hepatitis B durchgemacht.

Bei den anderen Anämien des Patientenkollektivs handelt es sich um nicht hereditäre Formen:
- die Blackfan-Diamond-Anämie oder Erythroblasophtise, bei der eine isolierte Bildungsstörung der roten Reihe vorliegt;
- die sideroachrestische Anämie, der eine Eiseneinbaustörung bei der Hämoglobinbildung zugrunde liegt;
- und die aplastische Anämie, die idiopathische, primäre Panmyelopathie.

Für die Blackfan-Diamond-Anämie und die aplastische Anämie gibt es neben den Transfusionen Therapieversuche, die durch ihren immunsuppressiven Charakter möglicherweise in Interaktion mit der Hepatitis B-Immunisierung treten könnten. Das hat uns veranlaßt, die Thalassämie-Patienten und die übrigen Anämie-Patienten getrennt darzustellen.

Damit soll zur näheren Beschreibung der Studie übergegangen werden. Die Ziele wurden wie folgt definiert (Tabelle 1), den Studienablauf zeigt Abb. 4.

Tabelle 1. Ziele der Studie

- Beobachtung der Anti-HBs-Entwicklung bei aktiver Impfung mit modifiziertem Impfschema [5]
- Dokumentation des Impfschutzes bei hoher Kontaminationsmöglichkeit
- Sofortschutz durch intravenöse Hepatitis B-Immunglobulingabe
- Verlaufsbeobachtung von Anti-HBs während der ersten Stunden nach passiver Immunisierung
- Kontrolle der Immunität bis zur eigenen Antikörperbildung
- Beurteilung des Einflusses intravenöser passiver Immunisierung auf die simultane Aktiv-Impfung
---

Eine Bestimmung sämtlicher HBV-Marker wird bei allen Patienten als Ausgangsuntersuchung durchgeführt. Solche mit positivem Anti-HBs und Anti-HBc dürften die Hepatitis B bereits durchgemacht haben und werden in großen Abständen auf ihre Immunität geprüft. Die Patienten mit positivem HBsAg erhalten die notwendige weitergehende Diagnostik bzw. ebenfalls halbjährliche Kontrollen, wenn sie als Hepatitis B-Träger diagnostiziert sind. Sind keine HBV-Marker nachzuweisen, so wird bei der nächsten Transfusionsbehandlung geimpft, und zwar passiv-aktiv, um einen Sofortschutz zu erzielen. Da bei den

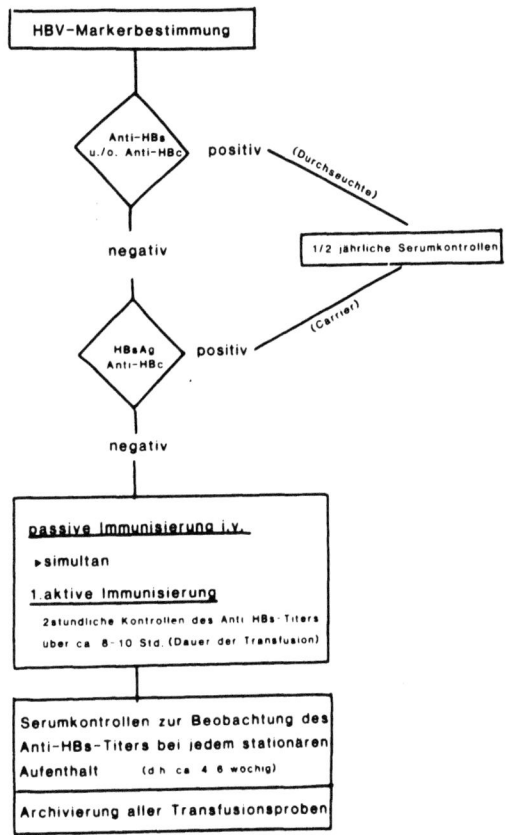

Abb. 4. Intravenöse passive Immunisierung und simultane Impfung gegen Hepatitis B bei Kindern mit Multitransfusions-Behandlung

Kindern ohnehin für die Dauer der Bluttransfusion ein venöser Zugang liegt, ist es ohne zusätzliche Belastung der Kinder möglich, eine engmaschige Kontrolle des intravenös verabreichten Anti-HBs (aus dem Hyperimmunglobulin) durchzuführen.
Die weiteren Serumkontrollen werden bei jedem folgenden stationären Aufenthalt entnommen.
Vom Transfusionsblut wird jeweils eine Probe konserviert.

Sämtliche serologischen HBV-Marker-Bestimmungen wurden am Max-von-Pettenkofer-Institut der Universität München bestimmt. Die Voruntersuchungen bei unserem bisherigen Kollektiv von 18 Patienten ergab folgende Hepatitis B Marker (Tabelle 2):

Tabelle 2. HBV-Marker bei Kindern mit Multitransfusions-Behandlung

	N	Keine HBV-Marker	Anti-HBs + Anti-HBc + (=durchseucht)	Nur Anti-HBs + hoch	niedrig
Gesamtkollektiv	18	13	3	1	1
β-Thalassämien	12	7	3	1 (1,482 mIU/ml)	1 (< 10 mIU/ml)
Andere Anämien	6	6	–	–	–

Keine Hinweise auf Hepatitis-B-Kontakt bestanden bei 13 Kindern.
Durchseucht waren bereits drei Patienten.
Berücksichtigt man die beiden unterschiedlichen Gruppen, so geben von den 12 Thalassämie-Kindern 5 (40%) serologische Hinweise auf Hepatitis B Kontakt. 3 (25%) sind durchseucht, 1 Junge hat einen hohen Anti-HBs-Titer, ohne Anti-HBc. Wir haben dies als aktiv gebildete Antikörper interpretiert und das Kind nicht geimpft. Mehrere Nachkontrollen bestätigten einen bleibend hohen Titer und damit Immunität. Ein anderes Kind hatte einen sehr niedrigen Anti-HBs-Titer, den wir als passiv zugeführt interpretierten. Dies Kind wurde mitgeimpft. Die Kinder mit „anderen Anämien" hatten alle 6 noch keinen Hepatitis B Kontakt, 5 davon sind bisher geimpft.
Abb. 5 zeigt das modifizierte Impfschema:

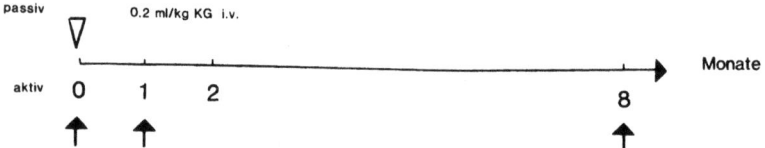

Abb. 5. Intravenöse passive und simultane aktive Immunisierung gegen Hepatitis B
passive Immunisierung mit Hepatitis B Immunglobulin (Hepatect®, Biotest),
0,2 ml/kg Körpergewicht intravenös
aktive Immunisierung mit Hepatitis B Impfstoff (H-B-Vax®, MSD/Behring)
3 × 1ml ≙ 3 × 20 μg HBsAg

Nach der geschilderten Voruntersuchung erhielten die zu impfenden Kinder bei ihrem nächsten stationären Aufenthalt die passive Immunisierung mit intravenösem Hepatitis B Immunglobulin, 0,2 ml/kg KG (Hepatect®, Biotest). Gleichzeitig wurde die erste Impfung durchgeführt mit 1 ml H-B-Vax®, MSD/Behring,

das ist die volle Dosis mit 20 μg HBsAg. Die zweite Dosis wurde nach 1 Monat gegeben, die dritte – abweichend von dem empfohlenen Termin – nicht nach 6, sondern erst nach 8 Monaten.
Es wird sich zeigen, ob diese spätere Boosterung zu gleich hohen Antikörper-Titern führt und dadurch eine länger andauernde Immunität erreicht werden kann. Die Ergebnisse der 2-stündlichen Anti-HBs-Kontrollen nach der intravenösen passiven Immunisierung zeigt Abbildung 6:

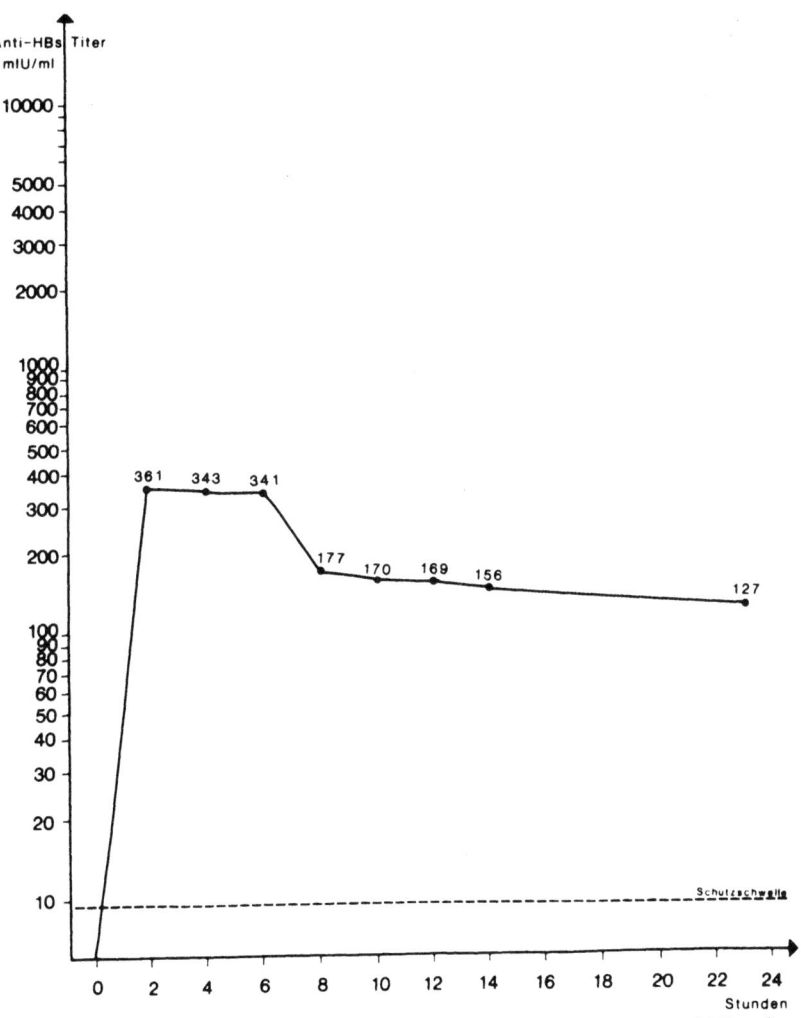

Abb. 6. Anti-HBs-Titer nach intravenöser Hepatitis B Immunglobulingabe 24-Stunden Verlauf

361 mIU/ml Anti-HBs waren im Mittel 2 Stunden nach passiver intravenöser Immunisierung zu messen, nach 24 Stunden waren es 127 mIU/ml.
Abb. 7 zeigt die Langzeit-Entwicklung von Anti-HBs bei den Kindern mit Thalassämie:

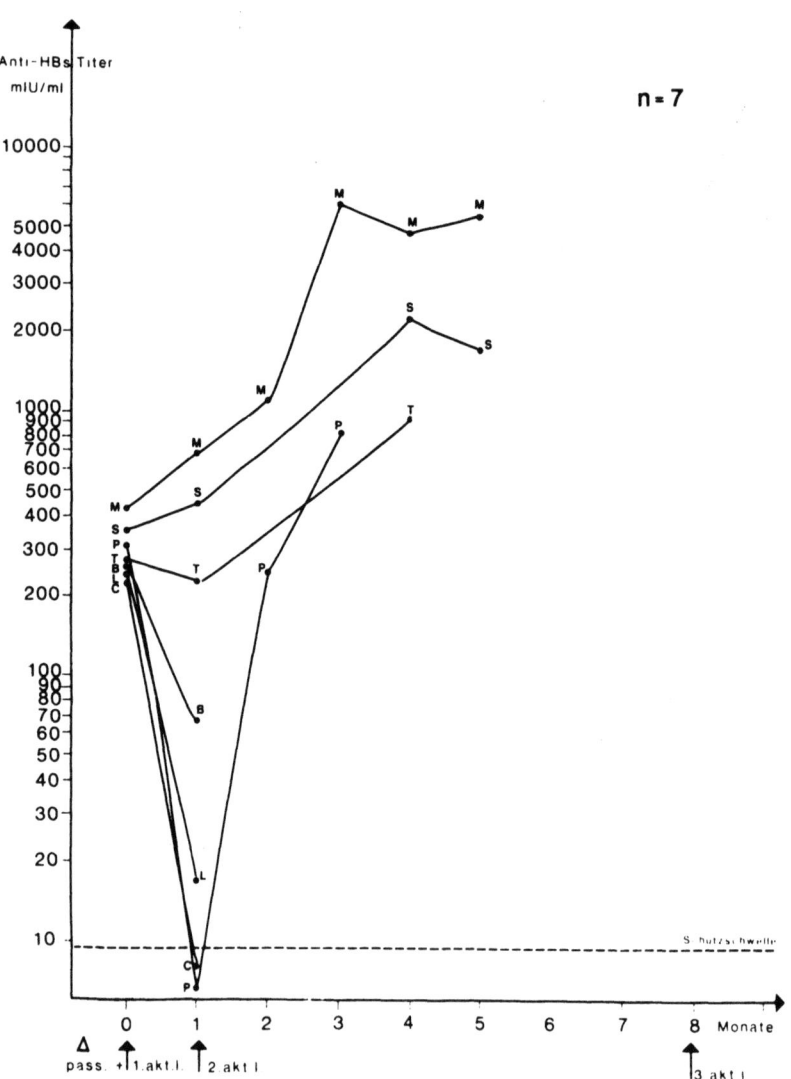

Abb. 7. Entwicklung von Anti-HBs bei Kindern mit Multitransfusions-Behandlung: β-Thalassämien

Eng beieinander liegen die Antikörper-Titer direkt nach der passiven Immunisierung. Nach einem Monat, vor der zweiten Impfung streuen sie breit. M, S und wahrscheinlich auch T haben bereits aktive Antikörperbildung nach der ersten Impfung, der Titer steigt bereits an oder sinkt nur minimal. B, L, C und P fallen

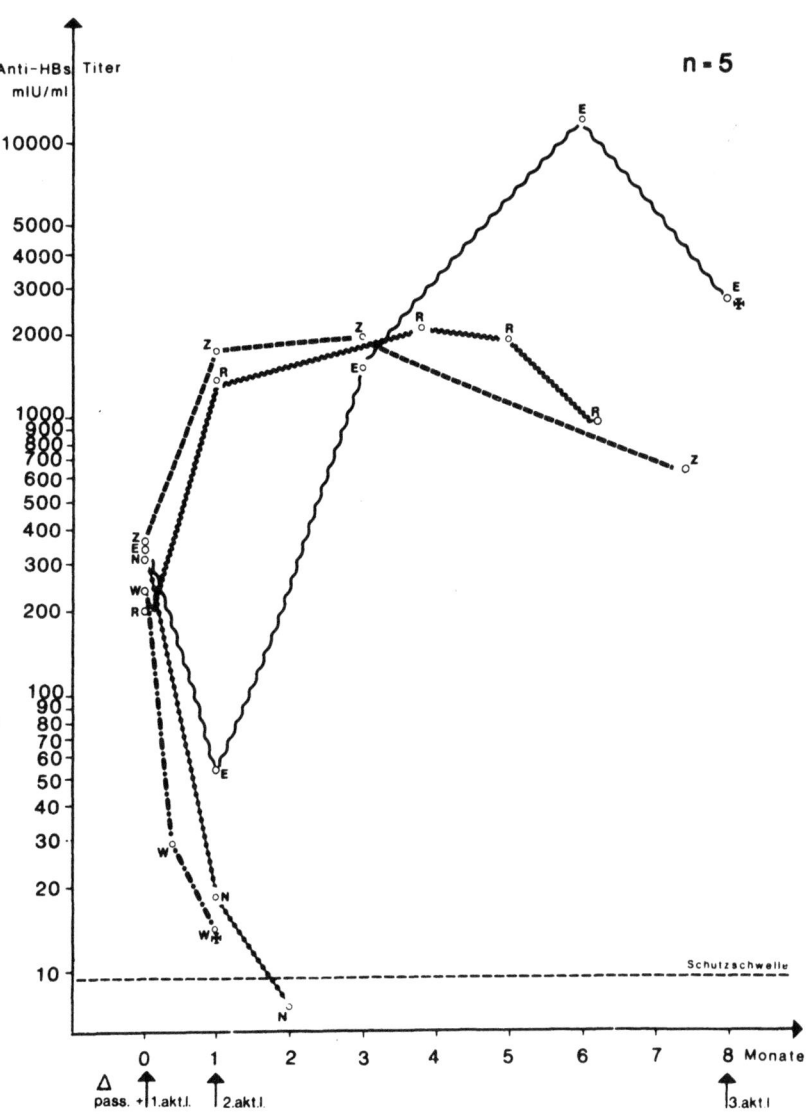

Abb. 8. Entwicklung von Anti-HBs bei Kindern mit Multitransfusions-Behandlung: Andere Anämien

deutlich ab (C und P unter die angenommene Schutzschwelle von 10 mIU/ml). P zeigt aber auf die zweite Impfung hin einen rasanten Antikörper-Anstieg. Die dritte Impfung hat noch kein Kind erhalten, so daß der Boostereffekt noch abzuwarten bleibt.

Auf Abb. 8 sind die Antikörper-Reaktionen der Kinder mit den verschiedenen anderen Anämieformen dargestellt.

Die Anti-HBs-Titer unmittelbar nach passiver Immunisierung liegen dicht beieinander, wie bei den Thalassämie-Patienten, auch in gleicher Höhe. Dann ebenfalls breite Streuung bei Monat 1.
Z und R (beides Patienten mit sideroachrestischer Anämie) zeigen schon eigene Antikörper-Produktion nach der 1. Impfung, E folgt nach der 2. Impfung mit gutem Antikörper-Anstieg. E hatte eine aplastische Anämie und verstarb leider nach einer Knochenmarktransplantation, die bei Monat 7 durchgeführt wurde. Auch W hatte eine aplastische Anämie, er verstarb im Rahmen einer Therapie mit Antithymozytenglobulin. Kind N hat eine Blackfan-Diamond-Anämie und ist z. Z. in Steroid-Therapie, was evtl. seine bisher nicht erfolgte Antikörper-Antwort erklärt.
Die Schlußfolgerungen aus diesen bisherigen Ergebnissen – oder besser die Feststellungen zur Diskussion – sind wie folgt zusammengefaßt:
– Eine nach 8 Monaten oder noch später gegebene Booster-Impfung erscheint möglich.
– Ein Sofortschutz zu Beginn der Multitransfusions-Behandlung kann intravenös gegeben werden.
– In 2 Fällen erbrachte die passive Immunisierung wahrscheinlich keine kontinuierliche Immunität.
– Die aktive Entwicklung eigener Antikörper wird durch die simultane *intravenöse* passive Immunisierung nicht gehemmt.

Literatur

1. Bundesgesundheitsblatt 25 Nr 9, (September 1982)
2. Weatherall DJ, Clegg JB (1981) The Thalassaemia syndromes. 3rd ed Oxford: Blackwell
3. Masera G, Jean G, Gazzola G, Novakova M (1976) Role of chronic hepatitis in development of thalassaemic liver disease. Archives of Disease in Childhood, 51: 680–685
4. Papaevangelou G, Frösner G, Economidou J, Parcha S, Roumeliotou A (18 March 1978) Prevalence of hepatitis A and B infections in multiply transfused thalassaemic patients. British Medical Journal 1: 689–691
5. Matsaniotis N, Kattamis Ch, Laskari S, Liapaki K, Valassi-Adam H, Dionissopoulou E (January 24, 1981) Immune responses to Hepatitis B Vaccine in health workers and children with thalassaemia. The Lancet, 210

Diskussionsforum: Prophylaktische und therapeutische Anwendung von Immunglobulinen

Bearbeitet von H. Deicher

Teilnehmer:

H. Deicher, Hannover (Vorsitz);
H. Ludwig, Wien;
A. W. Mondorf, Frankfurt;
H. H. Peter, Hannover;
C. Rieger, Marburg;
I. Schedel, Hannover;
W. Stephan, Frankfurt;
I. Stroehmann, Bonn

Zur prophylaktischen und therapeutischen Anwendung beim Menschen stehen menschliche und tierische Immunglobulinpräparate zur Verfügung (Tabelle 1).

Tabelle 1. Antikörperpräparate für Prophylaxe und Therapie (Stand 1984)

Vom Menschen	Vom Tier
Hyperimmunglobuline	Diphtherie-Antitoxin (i.m., i.v.)
Varizellen-Immunglobulin (i.v., i.m.)	Botulismus-Antitoxin (i.v.)
Zytomegalie-Immunglobulin (i.v.)	Gasödem-Antitoxin (i.v.)
Mumps-Immunglobulin (i.m.)	Schlangengift-Antiseren (i.m., i.v.)
Röteln-Immunglobulin (i.m.)	Europa
Masern-Immunglobulin (i.m.)	Nordafrika
Tollwut-Immunglobulin (i.m.)	Naher/Mittlerer Osten
Hepatitis-B-Immunglobulin (i.v., i.m.)	Antilymphozytenglobulin
Vaccinia-Immunglobulin (i.m.)	
Tetanus-Immunglobulin (i.m.)	
Pertussis-Immunglobulin (i.m.)	
Rh$_0$(D)-Immunglobulin (i.m.)	
Normale Immunglobuline	
Gammaglobulin 16% (i.m.)	
Gammaglobulin IgM-angereichert (i.m.)	
Serum-Konserve (i.v.)	
Polyvalente Immunglobuline (i.v.)	

Die Indikation für die von Tieren gewonnenen Antitoxine sind klar definiert; Anti-Lymphozyten-Globuline finden in beschränktem Umfange in der Transplantationsmedizin Verwendung [1]. Für den Einsatz menschlicher Immunglobulinpräparate hat die Weltgesundheitsorganisation kürzlich eine Indikationsliste herausgegeben (Tabelle 2), die als Basisinformation für diese Diskussion zur Verfügung stand [2]. Die in Europa seit Jahren zügig vorangetriebene

Tabelle 2. Human-Immunglobulin für die Prophylaxe und/oder Behandlung verschiedener Erkrankungen

Agens	Zielgruppe	Präparat	Dosierung bei i.m.-Präp. (laut WHO) (* bei i.v.-Präp.)	Gegenwärtige Beurteilung der Indikation
Hepatitis A	Familienkonktakte	Ig	0,02 ml/kg (3,2 mg/kg)	empfohlene Prophylaxe
	Umschriebene Endemien bei Reisen in Endemiegebiete	Ig	0,02–0,05 ml/kg (3,2–8,0 mg/kg)	empfohlene Prophylaxe
Hepatitis non-A, non-B	Perkutane oder mukosale Exposition	Ig	0,05 ml/kg (8,0 mg/kg)	fakultativ Prophylaxe
Hepatitis B	Perkutane oder mukosale Exposition	HBIg	0,05–0,07 ml/kg (8–11 mg/kg)	empfohlene Prophylaxe
	Neugeborene, deren Mütter HBs-Träger sind	HBIg	0,05 ml (8 mg) bei der Geburt u. nach 3 und 6 Monaten * 0,12–0,2 ml/kg nach Inokulation von HBs-Ag-haltigem Material * 0,4 ml/kg Neugeborenen-Prophylaxe unmittelbar nach der Geburt	empfohlene Prophylaxe
Röteln	Exposition während Frühschwangerschaft	Ig	20,0 ml	fakultativ
Varizellen, Zoster	Immunsupprimierte und Neugeborene bei Kontakt mit akut Erkrankten	VZIg	15–25 E/kg mindestens 125 E * 1 ml/kg * 2 ml/kg (Wiederholung nach 3 Tagen)	empfohlene Prophylaxe innerhalb 4 Tagen nach Viruskontakt Therapie bei Zoster – fakultativ

Tabelle 2. (Fortsetzung)

Agens	Zielgruppe	Präparat	Dosierung bei i.m.-Präp. (laut WHO) (* bei i.v.-Präp.)	Gegenwärtige Beurteilung der Indikation
Masern	Immunsupprimierte bei Kontakt mit akut Erkrankten, wenn Exposition nicht mehr als 6 Tage zurückliegt	IG	20–30 ml	empfohlene Prophylaxe
Rabies	Kontakt oder Biß durch tollwutverdächtige Tiere	RIg RIg	20 IU/kg	empfohlene Prophylaxe
Tetanus	Nicht aktiv Immunisierte nach entsprechenden Expositionen (Verletzung)	TIg	250 E 3000–6000 E	empfohlene Prophylaxe Therapie
Zytomegalie	Immunsupprimierte, Transplantatempfänger, Schwerverbrannte	CMV-Ig	* 1 ml/kg alle 3 Wochen * 2 ml/kg (Wiederholung entsprechend klin. Verlauf)	Prophylaxe Therapie
Rh	Rh(D)-negative Mütter bei Geburt eines Rh-positiven Kindes oder nach Abort	RhIg	15 ml	empfohlene Prophylaxe

Herstellung intravenös verträglicher Immunglobulinpräparate hat für die Indikationen Substitution, Prophylaxe und Therapie neue Möglichkeiten erschlossen, insbesondere wegen der sofortigen Bioverfügbarkeit und der nur auf intravenösem Wege möglichen Applikation höherer Dosen [1, 2]. Die Herstellungsrichtlinien des Europäischen Arzneibuches haben verbindliche Maßstäbe für Herstellung und Prüfung von Immunglobulinpräparaten gesetzt [3].

Substitutionsprophylaxe mit Immunglobulinen bei Immundefekten

Nach der WHO-Richtlinie [2] benötigt jedes Kind mit einem IgM-Defekt eine regelmäßige Substitution. Die Verfügbarkeit verträglicher intravenöser Immunglobulinpräparate hat für die Substitutionsprophylaxe bei angeborenen Immundefekten im Kindesalter neue Maßstäbe gesetzt. Nach einer Initialdosis von 200–500 mg/kg KG soll so substituiert werden, daß ein Serumspiegel von 2 g/l niemals unterschritten wird; dafür sind Dosen von etwa 100–200 mg/kg KG im

Abstand von 3 Wochen erforderlich (Rieger, Kornhuber) [4, 5]. Die Substitutionsprophylaxe bei erworbenen und sekundären Immundefekten des Erwachsenen richtet sich nach klinischen Erfordernissen. Bei einer Häufung von bakteriellen Infektionen des Respirationstraktes ist sie ebenso effektiv wie bei Kindern mit angeborenen Immundefekten [6]. Die Definition der *Risikogruppe* geschieht hier im Gegensatz zu den Kindern mit angeborenen Immundefekten also vorläufig aufgrund klinischer Kriterien (Ludwig, Schedel).
Beim Lymphom-Patienten treten infektiöse Komplikationen vermehrt bei solchen Patienten auf, die signifikant verminderte Antikörperspiegel gegen Endotoxine aufweisen (Schedel). Für sekundäre wie primäre Immundefekte und Patienten mit ätiologisch unklarer Häufung von Infektionen gilt allgemein, daß eine möglichst differenzierte Untersuchung des vorliegenden Defektes in einer hierfür ausgerüsteten Abteilung notwendig ist, bevor man sich zu einer Substitution aufgrund klinischer Kriterien entschließt [7].

Prophylaktische Indikationen für spezielle intravenöse Immunglobuline, sog. Hyperimmunglobuline

Solche Präparate werden durch Selektion von Plasmaspendern, die einen mindestens 10fach höheren Titer des gewünschten Antikörpers im Vergleich zur durchschnittlichen Population aufweisen, gewonnen. Parallel dazu müssen durch Feldversuche wirksame protektive Serum-Titer ermittelt werden, wie dies z. B. für Hepatitis B, Varizellen und CMV erfolgt ist. Ist ein Standard etabliert, kann die Herstellung solcher Präparate unter laufender Kontrolle erfolgen (Stephan).
Die in verschiedenen Studien sicher erwiesene prophylaktische Wirkung von *CMV-Immunglobulin (CMVIg)* bei Risikopatienten, z. B. nach Knochenmarktransplantation, steht in scheinbarem Gegensatz zu der Tatsache, daß zur Überwindung von Virusinfektionen in erster Linie eine intakte zelluläre Immunität erforderlich ist. Alle Versuche mit Vaccinen sind bisher fehlgeschlagen [8]. Die nachgewiesene protektive Wirkung von CMVIg beruht vermutlich auf der Tatsache, daß aus dem Spenderpool Antikörper verschiedener Spezifität gegen unterschiedliche CMV-Subtypen und/oder -Antigene zusammenkommen. So läßt sich auch die prophylaktische Wirksamkeit bei CMV-seropositiven Probanden erklären (Peter, Castro, Stephan). – Der Einsatz von *Varizellen-Immunglobulin (VZVIg)* zur Expositionsprophylaxe bei immunkompromittierten Kindern und Tumorpatienten (Tillmann) blieb in der Diskussion unbestritten; die Empfehlung einer Dauerprophylaxe bei Tumorpatienten und insbesondere Kindern mit einer Lymphopenie unter 500 Lymphozyten/mm^3 wurde dagegen nicht allgemein akzeptiert (Kornhuber, Rosendahl). Wegen der ausgeprägten immunsuppressiven Wirkung von Polychemotherapie-Regimen kann die Auswahl von

Risikopatienten nicht aufgrund einer primären VZV-Titerbestimmung erfolgen (Kornhuber, Rosendahl). Nach Beobachtungen von Kornhuber ist die intravenöse Gabe von VZVIg wesentlich wirksamer als die bisher geübte intramuskuläre Gabe. In jüngster Zeit publizierte positive Ergebnisse über die prophylaktische Anwendung von Acyclovir in der Prophylaxe von VZV-Infektionen bei immunkompromittierten Erwachsenen [9] lassen eine zukünftige prospektive Studie mit dem Ziel, die prophylaktische Gabe von VZVIg und Acyclovir miteinander zu vergleichen, wünschenswert erscheinen (Deicher). Bei sonst gesunden Kindern ist eine Varizellen-Prophylaxe mit VZVIg jenseits des Neugeborenenalters sicher nicht zweckmäßig. Da Varizellen jenseits des 5. Tages sicher nicht mehr als infektiös zu betrachten sind, ist eine Prophylaxe bei Neugeborenen nur dann erforderlich, wenn eine innerhalb dieses Zeitraums aufgetretene Infektion bei der Mutter oder einem anderen Haushaltsmitglied vorliegt; die vorgeschlagene zusätzliche Behandlung der Mutter in solchen Fällen unter der Vorstellung, daß es zu einer diaplazentaren Übertragung auf das Neugeborene kommen kann (Rosendahl), wurde nicht allgemein akzeptiert, u. a. wegen des langsamen diaplazentaren Transportes von Immunglobulin G (Rieger). – Die Wirksamkeit einer therapeutischen Anwendung intravenöser polyvalenter Immunglobuline bei VZV-Infektionen (Zoster) des Erwachsenen (Mondorf), die vor der VZV Ig-Aera durchgeführt wurden, wurden von Manke bestätigt, der ebenfalls völlige Schmerzfreiheit und Rückgang der klinischen Erscheinungen innerhalb von 2–3 Tagen sah. Dem steht die gut dokumentierte Wirksamkeit von Acyclovir gegenüber, die in der Diskussion von verschiedenen Teilnehmern (Manke, Lehnemaier, Peter) hervorgehoben wurde.

Die Indikationen zum Einsatz von *Hepatitis-B-Immunglobulin (HBIg)* sind im Referat von Müller klar herausgearbeitet worden: Simultanprophylaxe bei Neugeborenen und bei parenteralem Kontakt mit HBV-infiziertem Material. Die beste Form der Neugeborenen-Simultanprophylaxe ist die alsbaldige Gabe von HBIg in die Nabelvene, wegen der unmittelbaren Verfügbarkeit der intramuskulären Applikation sicher vorzuziehen. Die intravenöse HBIg-Prophylaxe sollte so schnell wie möglich nach Kontakt mit dem HBV erfolgen, d. h. die 48 Stunden-Grenze sollte möglichst unterschritten werden. Unter Berücksichtigung des Infektionsweges („Intimkontakt") erscheint es zweckmäßig, bei HBAg-positiven Schwangeren das Screening auf die übrigen Haushaltsmitglieder auszudehnen, um auch hier rechtzeitig aktiv oder passiv/aktiv zu impfen (König, Leitner, Rosendahl).

Prophylaktische Indikationen für intravenöse Immunglobuline

Im Gegensatz zu den Hyperimmunglobulin-Präparaten handelt es sich hier um Indikationen für den allgemeinen Einsatz intravenöser Immunglobuline. Hier erweist sich die Definition von Risikogruppen als besonders schwierig, weil Grundlagenwissen über die Bedeutung von Antikörpern bei der Überwindung vieler Infektionen ebenso fehlt wie im Einzelfalle über die Menge der in dem verwandten Präparat vorhandenen spezifischen Antikörper gegen die jeweiligen Infektionskeime, bei denen es sich in erster Linie um Hospitalkeime und/oder Enterobakterien der patienteneigenen Darmflora handelt. Über die Rolle von Anaerobier-Infektionen ist noch zu wenig bekannt (Thiele, von Oldershausen). Gleichwohl zeigen die Untersuchungen von Duswald et al. [10] ebenso wie die hier vorgetragenen Ergebnisse von Probst, daß prophylaktische Gabe von hohen Dosen intravenöser Immunglobuline das Infektionsrisiko insbesondere für Wundinfektionen und septische Komplikationen zu senken vermag. Hier zeichnet sich eine aufgrund exakter klinischer Beobachtungen definierte Risikogruppe für die prophylaktische Anwendung intravenöser Immunglobuline ab. Ob sich präoperativ aus der Untersuchung bestimmter Antikörper-Titer und/oder des „Immunstatus" solcher Patienten [11, 12] eine bessere Definition von Risikopatienten gewinnen läßt, muß die Zukunft zeigen (Schweitzer, zit. Duswald, Kornhuber, König). – Infektionen des Urogenitaltraktes sind nach heutiger Kenntnis nicht mit Antikörper-Präparaten zu beeinflussen (Peter); neuere experimentelle Untersuchungen [13] über die erfolgreiche Interferenz bestimmter Antikörper mit der Bindung von Bakterien an Wirtsepithelien zeigen jedoch neue Möglichkeiten einer Therapie mit Immunglobulinen. Die gleichen Schwierigkeiten – fehlende Möglichkeit der exakten Definition von Risikogruppen – ergeben sich für den Einsatz vor und/oder im Rahmen einer Polychemotherapie (Ludwig). Die von einigen Gruppen prospektiv untersuchte prophylaktische Gabe hoher Immunglobulindosen bei Intensiv-Polychemotherapie kann heute noch nicht allgemein empfohlen werden, auch wenn erste Studien (Hartlapp [14]) eine Verringerung des Infektionsrisikos ergeben haben.

Therapieindikationen für intravenöse Immunglobuline

Die WHO-Arbeitsgruppe kam 1982 zu dem Schluß, daß Indikationen für den therapeutischen Einsatz von Immunglobulin-Präparaten nicht bestehen [2]. Gleichwohl wird von Klinikern seit Jahren immer wieder versucht, die experimentell gut begründete synergistische Wirkung von Immunglobulinen und Antibiotika in der Klinik zu nutzen. Eine der großen Schwierigkeiten ist die Tatsache, daß die experimentellen Bedingungen: gleichzeitige Gabe von Immunglobulinen und Infektionskeimen beim Versuchstier – nicht den klinischen Bedingungen: etablierte, meist generalisierte schwere Infektion mit Antibiotika-Resistenz – entsprechen (Deicher). Unter experimentellen Bedingungen kann z. B. die Wirksamkeit intravenöser Immunglobuline gegen eine Pseudomonas-Infektion bei der Maus exakt im Mäuseschutzversuch nachgewiesen werden, auch eine synergistische Wirkung eines wirksamen Antibiotikums mit intravenösem Immunglobulin G (Stephan). Eine randomisierte klinische prospektive Studie, die einen zusätzlichen positiven klinischen Effekt von Immunglobulinen bei Patienten mit schweren septischen Infektionen belegt, ist kürzlich von einer Freiburger Arbeitsgruppe vorgelegt worden [15]. Welche Antikörper dabei jedoch klinisch wirksam sind, ist völlig offen. In diesem Zusammenhang sind die Untersuchungen von Ziegler et al. [16] über signifikant bessere Behandlungsergebnisse bei Patienten mit septischen bakteriellen Infektionen durch Verwendung eines durch Immunisierung Freiwilliger gewonnenen menschlichen Hyperimmunserums gegen Endotoxin-Core-Antigene besonders bemerkenswert, weil hier erstmals die Bedeutung eines bestimmten Antikörpers für die Überwindung einer septischen Infektion nachgewiesen wurde.

Schedel konnte kürzlich zeigen, daß bei chirurgischen Patienten mit septischen Infektionen zum Zeitpunkt des Auftretens der Endotoxinämie Antikörper gegen Lipid A nicht mehr nachzuweisen sind, und daß solche Antikörper in der Zirkulation nach Überwindung einer septischen Infektion wieder auftauchen. Der Abfall der Endotoxin-Antikörper korrelierte dabei hochsignifikant mit der Prognose. Dies alles spricht für eine Bedeutung von Endotoxin-Antikörpern im Rahmen einer septischen Infektion und für die Möglichkeit, solche Antikörper gezielt in der Therapie septischer Infektionen einzusetzen. Antikörper gegen Endotoxin-Determinanten gramnegativer Keime finden sich bei der großen Mehrzahl normaler Blutspender ebenso wie in allen untersuchten Immunglobulin-Präparationen [17]. Hier zeichnet sich erstmals die Möglichkeit des gezielten therapeutischen Einsatzes bestimmter Antikörperspezifitäten bei septischen Infektionen mit gramnegativen Problemkeimen ab. Von besonderer Bedeutung werden hier Untersuchungen über den Gehalt verschiedener Immunglobulinklassen an Endotoxin-Antikörpern und im Zusammenhang damit die Möglichkeit der therapeutischen Anwendung entsprechender Präparate sein.

Zukünftige Möglichkeiten der Anwendung monoklonaler humaner Immunglobuline

Wie auch diese Diskussion zeigt, ist der Weg der prophylaktischen und therapeutischen Anwendung humaner Immunglobuline vorgezeichnet: Vom intravenös verträglichen Immunglobulin-Präparat schlechthin über die Anwendung von durch Spenderselektion gewonnenen Hyperimmunglobulin-Präparaten hin zur Herstellung der jeweils benötigten spezifischen Antikörperpräparate. Diese Forderung kann theoretisch durch den Einsatz humaner monoklonaler Immunglobuline erfüllt werden. Während jedoch murine monoklonale Antikörper in vielen Bereichen bereits eine beherrschende Stellung in der Diagnostik gewonnen haben und vereinzelt auch therapeutisch eingesetzt wurden, sind über die

Präparation humaner monoklonaler Antikörper erst vereinzelte Berichte vorhanden (Schedel). Die Probleme der reproduzierbaren Herstellung solcher Präparate sind jedoch noch keineswegs gelöst. Dem Vorteil der Anwendung solcher Präparate stehen eine Reihe von Nachteilen gegenüber. Bis heute ist eine gezielte Produktion von Antikörpern in vitro nicht möglich, es handelt sich bisher immer um eine Zufallsauswahl von Spezifitäten. Die Bedeutung einzelner Determinanten, die von monoklonalen Antikörpern erkannt werden, z. B. für die Elimination von Bakterien und/oder fremden Zellen, ist in den wenigsten Fällen bekannt; häufig sind antigene Strukturen erst durch mehrere Antikörper unterschiedlicher Spezifität voll definiert. Ein zweites Problem ist die effektive Reinigung solcher Antikörperpräparate von Zellkulturbestandteilen und von Stoffwechselprodukten der für die Produktion eingesetzten Tumorzellen, mit denen die produzierende Zelle hybridisiert wird, oder von Virusbestandteilen bei EVB-stimulierten Kulturzellen. Auch fehlt bisher ein effektives Verstärkersystem für die Produktion ausreichender Mengen humaner Antikörper. Es unterliegt jedoch keinem Zweifel, daß hier in naher Zukunft große Fortschritte zu erwarten sind, die auch für die Therapie mit Immunglobulinen neue Möglichkeiten eröffnen werden.

Literatur

1. Schmidt RE, Deicher H (1983) Intravenöse Immunglobuline: Sinnvoller Einsatz in der klinischen Praxis. Arzneimitteltherapie 6: 182–186
2. IUIS/WHO Notice (1983): Appropriate uses of human immunoglobulin in clinical pratice. Clin. exp. Immunol. 52, 417–422
3. Schneider W, Kaiser PE (1981) Immunglobulin vom Menschen – Anforderungen an seine Unschädlichkeit und Wirksamkeit. Immun. Infekt. 9: 157–161
4. Kornhuber B (1979) Intravenöse Immunglobulin-Langzeittherapie bei Kindern. Mschr Kinderheilkd 127, 20
5. Morell A (1982) Substitution mit Immunglobulin bei primärem Antikörpermangelsyndrom. In: Theorie und Klinik des intravenös anwendbaren 7 S-Immunglobulins (Hrsg.: Seiler FR, Geursen GR). S. 60–68. Karger, Basel – New York.
6. Schedel I (1982) Intravenöse Immunglobulin-Substitution bei sekundärem Antikörpermangelsyndrom. Diagnostik & Intensivtherapie 7, 254–265
7. WHO Meeting Report (1983): Primary Immunodeficiency Diseases. Clin Immunol Immunopathol 28, 450–457
8. Kirchner H (1983) Immunobiology of infection with human cytomegalovirus. Adv Cancer Res 40, 30–105
9. Balfour HH Jr, Bean B, Laskin OL et al (1983) Acyclovir halts progression of herpes zoster in immunocompromised patients. N Engl J Med 308, 1448–1453
10. Duswald KH, Müller K, Seifert J, Ring J (1980) Wirksamkeit von i.v. Gammaglobulin gegen bakterielle Infektionen chirurgischer Patienten. Ergebnisse einer kontrollierten, randomisierten klinischen Studie. Münch Med Wschr 122, 832–836
11. Dürig M, Heberer M, Harder F (1982) Technik und Bedeutung des Intracutantestes mit Recall-Antigenen in der Allgemeinchirurgie. Chirurg 53, 427–430

12. Duswald KH (1983) Immunglobulintherapie bei chirurgischen Patienten. Beitr Infusionstherapie klin Ernähr 11, 39–51, Karger, Basel
13. Silverblatt SJ, Cohen LS (1971) Antipili-Antibody affords protection against experimental ascending pyelonephritis. J Clin Invest 64, 333
14. Hartlapp JH, Illiger HJ, Schmidt RE (1983) Infektprophylaxe mit Immunglobulinen. Aus: Drings P, Schreml W (Hrsg): Supportive Maßnahmen bei der internistischen Tumorbehandlung. Zuckschwerdt-Verlag München, Bern, Wien, S. 170–174
15. Just et al: Publikation in Vorbereitung.
16. Ziegler EJ, McCutchan JA, Fierer J, Glauser MP, Sadoff JC, Douglas H, Braude AI (1982) Treatment of gram-negative bacteremia and shock with human antiserum to a mutant escherichia coli. N Engl J Med 307, 1225–1230
17. Schedel I, Unveröffentlichte Ergebnisse.

Sachverzeichnis

Acquired Immune Deficiency
 Syndrome 3, 5, 31, 109
–, Erreger 8
Acyclovir 65, 75, 126
Adenosinarabinosid 76
AIDS s. Acquired Immune Deficiency
 Syndrome
Alzheimer'sche Erkrankung 4
Anämie, aplastische 116
Anti-CMV-Hyperimmunglobulin 76, 97
Anti-HB$_s$-Immunglobulin 34
– – Spiegel 108
Antilymphozytenglobulin 82

Beta-Propiolacton 24, 97

Candida albicans 5
Chorioretinitis 62
Cilien 45
CMV s. Cytomegalievirus
Colonresektion 39
Cyclosporin 82
Cytomegalie 1
– Hyperimmunglobulin 93
– Virus 4, 14, 60
– – DNA-Nachweis 66
– – Hyperimmunseren 65
– – IgG-Antikörper 63
– – IgM-Antikörper 63
– – Infektion 60, 71, 82, 93, 97
– – Pneumonie 72, 77

Dünndarmresektion 39

Endotoxin-Antikörper 129
Epstein-Barr-Virus 4, 14
Erythrozytenkonzentrat 12

Faktor VIII 4

Faktor IX 4
fresh frozen plasma 12

Gerinnungskonzentrate 18
Graft-versus-Host-Reaktion 70

Hämodialysepatienten 108
hämorrhagische Diathese 1
Halbwertszeit 33
Hepatitis 62
Hepatitis A 1, 3
–, Impfung 4
Hepatitis B 1, 3, 115
– Erkrankung 109
– Immunglobulin 16, 107, 111, 113
– Impfstoff 113
– Infektion 109
Hepatitis non A, non B 2, 14, 16, 20
– Virus 28
Hepatosplenomegalie 62
Herpesviren 61
Herpes zoster 1
Herzchirurgie 12
Hyperimmunglobuline 126

IgA s. Immunglobulin A
IgG s. Immunglobulin G
IgM s. Immunglobulin M
Immunglobuline, monoklonale 129
–, polyvalente 127
Immunglobulin A 47, 48
– Mangel 49
Immunglobulin G 33, 50
– Subklassen 50
Immunglobulin M 50
– Defekt 125
Immunglobulinsubstitution 56
Immunsuppression 69, 108

132

Jakob-Creutzfeld-Erkrankung 4

Leukozyteninterferon 75
Lymphozytopenie 103

Magenresektion 39
Masern 1
Mikrozephalie 62
Mucosa-Barriere 46
Mykobakterien 5

Nierentransplantation 82, 93

Pasteurisierung 30
Pneumocystis carinii 5
Pneumonie 62
Posttransfusionshepatitis 11
Prophylaxe 2, 125

RAIDS s. Refrigeration Acquired Immune Deficiency Syndrome
Refrigeration Acquired Immune Deficiency Syndrome 6
Rektumresektion 39
Retroviren 31

SAIDS s. Simian Acquired Immune Deficiency Syndrome
Serumkonserve 39, 56

Simian Acquired Immune Deficiency Syndrome 6
Slow-Viren 4
Sterilisation 24
Strukturproteine 67
Substitution 2, 125

Thalassämie 113
Therapie 1, 125
–, zytostatische 55
Thrombozytopenie 1, 62
Toxoplasma 5
Tumornephrektomie 39

UV-Bestrahlung 24

Varizellen 1, 100
– Pneumonie 105
– Prophylaxe 105
– Zoster-Hyperimmunglobulin 102, 105
Verträglichkeit 2
Virusisolierung 63
Vollblut 12

Zosterimmunplasma 101
Zytostatikatherapie 55, 101

Immunglobulintherapie

Klinische und tierexperimentelle Ergebnisse
Herausgeber: H. Deicher, I. Stroehmann
Unter Mitarbeit zahlreicher Fachwissenschaftler
Mit einem Geleitwort von H. Schleussner
1980. 55 Abbildungen, 38 Tabellen.
XII, 139 Seiten
DM 32,-. ISBN 3-540-10416-X

Inhaltsübersicht: Grundlagen der humoralen und zellulären Immunität in der Therapie mit Immunglobulinen. - Die Rolle des Komplementsystems bei der Opsonisierung, Phagozytose und Abtötung pathogener Keime. - Einfluß von Immunglobulinpräparaten auf das Wachstum gramnegativer Bakterien in vitro. - Einfluß von Serumkonserven auf die Serum- und Blutbakterizidie. - Intravenöse Immunglobuline, proteinchemische und immunbiologische Charakterisierung der verschiedenen Präparattypen. - Die Opsonierung als Kriterium der Immunglobulin-G-Wirkung. - Immunglobulintherapie von Herpessimplex und Zosterinfektionen bei Tumorpatienten. - Immunglobulintherapie bei Zosterinfektionen. - Die Anwendung von Intraglobin bei multipler Sklerose (MS). Vorläufiges Ergebnis nach einjähriger Behandlungszeit. - Klinische Erfahrungen mit Granulozytentransfusionen. - Elimination und Organverteilung von intravenös verabreichtem Immunglobulin und Immunglobulinfragmenten. - Therapie infektiös entzündlicher Erkrankungen des Zentralnervensystems mit intravenös und intrathekal applizierten Immunglobulinen (lg). - Einsatz von Immunglobulinen zur unterstützenden Behandlung bei der zytostatischen Leukämietherapie. - Wert der prophylaktischen Gabe von Immunglobullin bei aggressiver Chemotherapie. - Immunglobuline zur Frühtherapie von postoperativen Infektionen bei Risikopatienten. Ergebnisse einer kontrollierten Studie. - Sachverzeichnis.

Springer-Verlag
Berlin
Heidelberg
New York
Tokyo

F. Daschner
Infektionskrankheiten
Epidemiologie, Differentialdiagnose und Prävention in Klinik und Praxis
1983. 26 Abbildungen. XIII, 282 Seiten (Kliniktaschenbücher)
DM 29,80. ISBN 3-540-11925-6

E. S. Golub
Die Immunantwort
Einführung in die Immunbiologie
Übersetzt aus dem Englischen von A. Gause, M. Pfreundschuh
1982. 120 Abbildungen. X, 305 Seiten (Heidelberger Taschenbücher, Band 220)
DM 19,80. ISBN 3-540-11755-5

H. Huber, D. Pastner, F. Gabl
Hämatologie und Immunhämatologie
1983. 80 Abbildungen, 186 Tabellen. XXI, 553 Seiten. (Laboratoriumsdiagnose hämatologischer Erkrankungen, Teil 1)
DM 148,-. ISBN 3-540-11742-3

Immune Deficiency
Editors: M. D. Cooper, A. R. Lawton, P. A. Miescher, H. J. Müller-Eberhard
1979. 10 figures, 22 tables. IV, 184 pages (Monograph edition of Springer Seminars in Immunopathology, Volume 1, Numbers 3 and 4, 1978)
DM 39,50. ISBN 3-540-09490-3

Springer-Verlag
Berlin
Heidelberg
New York
Tokyo

Immunofluorescence in Medical Science
Editors: A. Kawamura Jr., Y. Aoyama
1983. 43 color photographs. 83 figures, 28 tables. XII, 262 pages
Cloth DM 74,- ISBN 3-540-12483-7
Distribution rights for Japan: University of Tokyo Press, Tokyo

Immunological Aspects of Liver Disease
Editors: H. C. Thomas, P. A. Miescher, H. J. Müller-Eberhard
1982. 22 figures, 20 tables. VI, 208 pages
DM 42,-. ISBN 3-540-11310-X

Immunostimulation
Editors: L. Chedid, P. A. Miescher, H. J. Müller-Eberhard
1980. 44 figures, 39 tables. VIII, 236 pages
DM 38,-. ISBN 3-540-10354-6

Die immunsuppressive Therapie der chronisch-aktiven Hepatitis
Herausgeber: W. Dölle
1984. Etwa 31 Abbildungen. Etwa 130 Seiten
DM 38,-. ISBN 3-540-13437-9

Transferable Antibiotic Resistance
Plasmids and Gene Manipulation
Fifth International Symposium on Antibiotic Resistance and Plasmids. Castle of Smolenice, Czechoslovakia. 1983.
Editors: S. Mitsuhashi, V. Krčméry
1984. Approx. 420 pages
Cloth DM 118,-. ISBN 3-540-13141-8
Distribution rights for all socialist countries: Avicenum Czechoslovak Medical Press, Prague

If you have any concerns about our products,
you can contact us on
ProductSafety@springernature.com

In case Publisher is established outside the EU,
the EU authorized representative is:
**Springer Nature Customer Service Center GmbH
Europaplatz 3, 69115 Heidelberg, Germany**

Printed by Libri Plureos GmbH
in Hamburg, Germany